舞台服装是戏剧演出中最为重要的视觉元素之一

舞台服装设计与实践

四川音乐学院戏剧系系列教材

苏 静 ⊙ 著

四川大学出版社

责任编辑：段悟吾
责任校对：蒋姗姗
封面设计：阿　林
责任印制：王　炜

图书在版编目(CIP)数据

舞台服装设计与实践 / 苏静著. —成都：四川大学出版社，2017.11
ISBN 978-7-5690-1319-1

Ⅰ.①舞…　Ⅱ.①苏…　Ⅲ.①戏剧－剧装－设计
Ⅳ.①TS941.735

中国版本图书馆 CIP 数据核字（2017）第 280552 号

书　名	舞台服装设计与实践	
著　者	苏　静	
出　版	四川大学出版社	
地　址	成都市一环路南一段24号 (610065)	
发　行	四川大学出版社	
书　号	ISBN 978-7-5690-1319-1	
印　刷	四川盛图彩色印刷有限公司	
成品尺寸	185 mm×235 mm	
印　张	10.25	
字　数	151 千字	
版　次	2018 年 4 月第 1 版	
印　次	2018 年 4 月第 1 次印刷	
定　价	78.00 元	

◆读者邮购本书，请与本社发行科联系。
　电话:(028)85408408/(028)85401670/
　(028)85408023　邮政编码:610065
◆本社图书如有印装质量问题，请
　寄回出版社调换。
◆网址:http://www.scupress.net

Contents 目 录

第四章　舞台服装种类

第五章　舞台服装设计师的职责

第一章

舞台服装设计
概述

第一节　舞台服装的特征

　　舞台服装是戏剧演出中最为重要的视觉元素之一，舞台服装设计是戏剧中的一项创造性工作。为了与具体演出气氛和形式相匹配，舞台服装既可以是简单的日常生活服装，也可以是抽象造型服装，它的功能不仅限于视觉感受，同时还应向观众传达角色的性别、身份、时代特征、性格和所处的场合等信息，因此舞台服装是角色造型的立体肖像画。

（一）舞台服装来源于生活服装

　　舞台服装与生活服装有着密切的联系。舞台服装的设计需要符合历史考据，而不是凭借服装设计师的主观创造。例如，背景为汉代的剧目，其服装必须以斜襟、曲裾等为设计蓝本（图1-1）；背景为唐朝的剧

图1-1　以汉代服装为设计蓝本的舞
　　　　台服装设计

图1-2　以唐代服装为设计蓝本的舞
　　　　台服装设计　作者：王思嘉

图1-3　以清代服装为设计蓝本的舞
　　　　台服装设计　作者：王戈

目，其服装必须以襦裙、半臂、抹胸等为设计蓝本（图1-2）；而背景为清朝的剧目，其服装必须以长衫、马褂等为设计蓝本（图1-3）。舞台服装设计创作的源泉与依据来自生活服装，同时，生活服装也受到舞台服装的影响与渗透，两者相辅相成。

（二）舞台服装的美化性

在舞台上，演员是被观众所欣赏的对象，舞台服装设计采用款式、色彩和面料对演员的身材、体型等进行调整、修饰、强调，使演员的形象具有特定时代的美感。观众在欣赏演员的形象和表演时，可以有美的享受；同时通过服饰的搭配，也可以帮助演员树立自信心，使演员能更好地完成表演。

（三）舞台服装的再现性

舞台剧目有其特定的时代背景、民族性及人物性格特征，舞台服装也必然会展示其相关的内容。首先，舞台服装能再现剧目环境，通过服装的款式、色彩、配件、面料、工艺等手段来表现剧目的时间、地点、季节、气候、民族等状态，以达到即使没有台词、背景也能表现周围环境的目的。其次，舞台服装能再现角色身份，角色身份是指角色所穿着的服装所揭示的职业、地位、财富等。再次，舞台服装能再现角色性格，角色的外层装束不单是为了再现环境与人物身份，还表现了所塑造角色的性格及内心世界。最后，舞台服装还能再现角色之间的关系变故，横向体现每场角色与角色之间的关系，纵向反映每个角色的独立发展。

（四）舞台服装的象征性

舞台服装的象征性就是设计师和观众对服饰共同的心理积淀与评判，最终反映在角色上，对揭示角色的内心世界有独到的效果。首先，舞台服装的象征性体现在渲染舞台气氛上，通过服装的款式、色彩、面料的处理创造不同的环境氛围；其次，舞台服装的象征性体现在揭示剧

目风格上，例如用准确的时代考据及性格化的人物处理来产生写实风格的真实性，用类型化、写意化的设计产生写意风格的装饰性等；再次，舞台服装的象征性体现在主题上烘托，舞台服装的结构线和色彩等能明确地烘托主题。例如，用对比色的搭配显示角色之间的冲突，用同类色的渐变将平和的人物关系展示出来。

（五）舞台服装的组织性

戏剧演出在角色关系上有主次之分、前后之分、强弱之分，舞台服装在角色组织安排上具有十分重要的作用。首先是使主角更加突出，如用色彩将主要角色和群众角色区别开来，使观众在视觉上更加注重主角的舞台行动；其次是区分角色的身份或性格，使不同身份和性格的人群分块来呈现，采用不同的服装款式、色彩、面料都可以达到这种组织性。

第二节　舞台服装与舞台演出其他各部门的关系

舞台服装与戏剧文学、表演艺术、导演艺术以及舞台其他部门一起，共同构成综合的戏剧艺术，各部门之间相互依赖、相互补充。其中，舞台服装与舞台布景、化妆、灯光、道具等部门一起成为强化、构架戏剧时空及角色形象的手段，它们之间相互配合和补充，且贯穿整个戏剧创作的过程，共同塑造成功的舞台视觉形象。

（一）舞台服装设计师与导演的合作

导演是戏剧艺术中一切问题的决策者，既要负责对剧本进行再创造，也要启发并指导演员创作角色及保证舞美各个部门协调统一，最终实现完整的舞台艺术形象。每位导演有着不同的阅历、知识结构和审美情趣，有的导演注重写实风格的再现，有的导演注重新的艺术形式的创新与探索。舞台服装设计师应考虑与所合作的导演在创作风格与审美情趣方面达成默契，避免在创作过程中由于不同的理解和表现而产生冲突。舞台服装是导演创造角色形象时作用于角色外形包装的手段，舞台服装设计师应接受和贯彻导演的既定方案，通过听取导演的阐述、对设计方案的评价、对试装中的意见等，来验证服装是否合乎整体的演出风格以及导演所要求的实际效果。舞台服装设计师在认真贯彻导演的创作意图、做好服务工作的同时，应通过创新设计来为导演提供有价值的舞台调度，进而激发导演的创作灵感。

（二）舞台服装设计师与演员的合作

表演艺术是戏剧艺术的本体，它以演员形体为媒介材料。演员既是表演艺术创作的媒介材料，也是体现整个戏剧艺术形象的最终载体，而舞台服装是与演员配合、依赖最密切的部分之一。通过舞台服装的帮助，不但能使演员找到角色的感觉，也可以由外部的形象折射角色的内心状态。而舞台服装设计和演员在表现角色上是有差异的，演员是通过声音、形体、语言、动态、表情来塑造角色的，服装设计师是通过款式、色彩、材料、工艺等手段在演员形体上进行角色塑造的，是外部形象的体现，它们之间具有不同的角度与手段，需要通过互补、交流来达到统一，从而保证角色形象的准确表达。演员在舞台上的美，首先需要具有确切的身份、符合整个演出样式的服装才能体现角色的形象美。另外，舞台服装设计师还应该根据演员的形体来设计服装，有效地弥补其形体上的不足。舞台服装设计师与演员的交流贯穿于整个戏剧创作的过程，从最初的交流到排练，从确定设计方案到彩排，及时了解演员的形体、肤色、体型、气质，甚至是演员之间的位置都十分必要，确定方案之后再获取演员形体尺寸数据，并在着装后的舞台实际效果中做进一步的调整。

（三）舞台服装与舞台美术的关系

首先，舞台美术提供舞台上的视觉形象，为观众提供可见的剧情环境，将剧本的文学形象转化为舞台视觉形象，通过造型、材质肌理、

色彩等让观众理解、判断剧中人物与故事情节，帮助观众领悟剧目的主题；其次，舞台美术能激发演员创造角色的情绪，帮助演员进入规定情境；再次，舞台美术用视觉形象来体现剧目的体裁与风格，揭示主题，将创作群体的构思转化为事实。舞台服装的创作不能孤立地考虑，必须与舞台美术默契配合。因此，舞台服装设计师应始终关注舞美设计的方案与进度，从最初的交流到设计图和创作，从联排到彩排，及时调整舞台服装与之不和谐的部分，保证舞台视觉形象的整体性。舞台服装的作用与舞台美术一致，但是在创作语言上仍存在着差异，舞台美术着重于为演员提供符合戏剧要求的表演空间，而舞台服装因为有演员形体条件的制约，它比舞台美术设计显得更加细腻和具体，在舞台服装的创作中不能脱离人体的运动和人体的结构。也就是说，舞台服装设计无论怎样来表现戏剧主题与风格，都必须保证演员穿着方便和便于行动，除此之外，再考虑服装的美感和艺术性。

（四）舞台服装与舞台灯光的关系

舞台灯光造型依靠光来创造空间、分割空间、渲染空间气氛与情绪，让角色形象明快或阴沉。服装的色彩表现特别需要与灯光配合，光的色彩、角度、明暗度、冷暖度、饱和度等都会对服装色彩的效果产生非常明显的影响，配合得好，既为服装增光添彩，配合不好，服装色彩不但无法还原，还有可能显得脏、旧等。

（五）舞台服装与舞台化妆的关系

舞台服装与舞台化妆都属于戏剧人物造型的范畴，其共同点是以直观的形式语言来揭示角色的特征，舞台服装与舞台化妆是不可分割的整体。然而，舞台服装与舞台化妆造型在塑造角色形象的手段上存在着差异。首先，舞台服装以包装演员的躯干和四肢为基础，而舞台化妆以演员的面部和五官为基础；从人物造型的整体角度来看，舞台服装偏重于角色身份的展示，而舞台化妆偏重于角色表情与神态的刻画。例如，舞台服装可以用款式来表现角色的身份，可以根据角色的需要进行身体不同形态的变化；舞台化妆修饰演员的五官，相对比较稳定，主要集中在眉形、眼型、唇形等方面的性格刻画。其次，舞台服装和舞台化妆在运用的物质媒介上有着差异，舞台服装以纺织面料、装饰辅料为主，经过一定的裁剪工艺来体现；而舞台化妆则依靠粉妆、油彩、毛发等材料来体现。另外，舞台服装与舞台化妆的工作程序上有所不同，舞台服装设计提前进入创作和制作，在试装、彩排之后基本完成任务，只需进一步听取各方意见进行修改和调整；舞台化妆则必须进行现场操作，每一次演出都可能根据演员面部的不同情况来进行妆面的调整和效果的改进。

第三节　舞台服装的审美标准

（一）舞台服装设计需符合作品的整体艺术形式

人类着装的历史十分久远，每个国家、地区和民族都有鲜明的着装特色和多种多样的服装形式与风格。而戏剧、戏曲、舞蹈、歌唱等不同的艺术形式，又有着不同的呈现方式和不同的表现手段。在舞台服装设计中，风格与样式、样式与形式高度一致，且符合作品的整体艺术形式，是舞台服装审美的首要标准。

（二）舞台服装设计需符合剧本要求

舞台服装的美要看是否与剧本所提供的时代、地域、民族、习俗等一致，以不同的历史时期为背景的剧本，在社会制度、国家状况、宗教信仰、种族习性上都会直接影响服饰的变化，符合剧本要求的设计是舞台服装存在的根本。

（三）舞台服装设计需符合角色条件

角色的条件分为外在条件和内在条件，外在条件包括角色的年龄、

性别、身份、地位等，内在条件主要是指角色的性格特点。符合角色塑造的形象是舞台服装设计师对剧本的正确理解、对风格的准确把握、对角色的深刻认识的结果，最终使人物性格和外部造型融为一体。

（四）舞台服装设计的创新

创新是所有艺术形式追求的一条永远不变的法则。舞台服装设计可以有新形象、新视觉、新面目、新认识等多种多样的创新方式，而这些舞台服装设计的创新需要依靠设计师所运用的新形式、新方法、新材质等。总之，无论如何创新，舞台服装设计始终要满足表演的需要，任何脱离了创作的整体追求而喧宾夺主的创新都是不正确的。

舞台服装的
平面展示技法

服装效果图是依靠线条、色彩、材质表现、工艺说明等各种表现手段，来呈现设计师意图的载体，它既是设计师将设计构思转化为形象语言的一种手段，也是制作服装的参照和依据。舞台服装设计的效果图是一般的服装效果图与戏剧关系的结合，它不同于生活时尚类的服装效果图，舞台服装设计的效果图不但需要充分体现服装的结构、色彩、面料质地、细节等方面，也要求突出鲜明的戏剧人物造型与演出样式，如时代感、剧种、风格、人物性格、表情、动态等方面。

第一节　白描勾线技法

白描勾线以服装结构为前提，采用线条以起到强化整体服装结构的作用，勾线要求简洁、概括、提炼，要表现服装的本质美，避免花哨的线条堆砌，重点表现服装面料质感和款式结构特征。白描勾线技法以单线勾勒为主，表现色彩单纯、褶皱丰富、线条清晰的服装款式，是平面展示技法中最简洁的技法，效果图完成后，可以在其中一侧粘贴面料实样和色标，以便服装款式结构、色彩与质地一目了然。不同的线条表现不同的服装样式和面料质地。例如，挺拔刚劲、清晰流畅的勾线，易产生规整、细致的效果，富装饰情趣，适用于表现轻薄而柔韧性强的服装，如丝绸、纱、人造丝等面料制成的服装，常使用的工具有钢笔、绘图笔、毛笔等；粗细兼备、刚柔结合的粗细线勾线适于表现较为厚重柔软的悬垂性强的服装，粗细线条穿插使画面更有立体感，常使用的工具有毛笔、弯尖钢笔等；古拙有力、浑厚苍劲、顿挫有致的勾

图2-1　白描勾线技法　作者：尹航歌

线，适于表现凹凸不平的面料效果，比如各种粗花呢、手工编织效果等，常使用的工具为毛笔（图2-1）。

第二节　水彩技法

　　水彩技法以水彩画的表现形式为基础，运用水彩颜料晶莹、透明的特性和水彩画酣畅淋漓的艺术特点来表现服装样式。在着色时力求用笔干净利落，简练生动，绘画效果明快而淡雅，操作方便而快捷。使用水彩技法时，先用铅笔或钢笔勾画出角色动态及服装款式，再用水彩从明暗、转

图2-2　水彩技法　作者：胡雅娴

折的体积关系上着色，画面轻快、透明而富有飘逸洒脱的效果，但不宜计较服装细节，款式比较单纯。水彩技法一种是湿画法，即先在纸上刷一遍水，待半干时再上色，这种画法适合于毛衣、毛皮类的服装；另一种是干湿结合的画法，用来表现各种质地的服装都不错，一般是趁湿画出服装的大效果，再以干笔修饰服装的细节及转折处。配合水彩画法使用的有铅笔、彩色铅笔、钢笔等工具，使服装质地表现得更加生动（图2-2）。

第三节　水粉技法

　　水粉的表现力强，可厚可薄，挥洒自如。着色时，通常是先画中间调子，然后再画亮部和暗部，可以根据个人的喜好从暗部到亮部，也可以从亮部到暗部，水粉技法使服装款式结构非常清晰。还可运用干湿笔及笔触的变化来表现面料的肌理，如使用皴擦、点彩等画法。用水粉颜料在事先画好的服装款式上填充，填色要均匀，形

图2-3　水粉技法　作者：刘琳琳

第二章　舞台服装的平面展示技法

010 / 011

块与形块之间交接自然，画面色彩比较浓重、鲜明、清晰，最适合表现面料的花纹和图案，也适合表现款式细节。用色时，应避免使用过于鲜艳、刺激或过于沉闷、灰暗的色彩，纯度和明度适中的色彩为宜；绘画时用笔要果断，一气呵成，并注意笔触变化和飞白的运用（图2-3）。

第四节　马克笔技法

马克笔分油性马克笔和水性马克笔，水性马克笔颜色透明，使用方便，价格相对便宜；油性马克笔渗透性较强，色彩纯度也较水性马克笔强。市场上销售的多为粗细马克笔，可用粗头覆盖大面积的颜色，用细头来描绘细节。绘图时，用铅笔事先勾画好服装的款式，再根据服装结构特征着色，着色时，需要根据服装的结构特征，用笔要准确、果断、快捷，使画面效果精炼而洒脱，充满现代艺术气息。

图2-4　马克笔技法　作者：徐文

纸张的选择对马克笔也很重要，纸面光洁的卡纸较为适合（图2-4）。

第五节　水溶性彩色铅笔技法

使用水溶性彩色铅笔绘图既可以细致，又可以显得大气。绘图时，先用水溶性彩色铅笔根据服装的虚实和结构关系涂画，然后根据画面需要，用毛笔蘸水晕染。另外，由于水溶性彩色铅笔质地细腻轻松，易着色，颜色丰富，也可作为普通彩色铅笔使用。第一种表现方式是写实性画法，运用素描的艺术规律表现服装造型和面料质感，用笔、用色讲究

图2-5　水溶性彩色铅笔技法
作者：谭小曲

虚实、层次关系，以表现服装的立体效果和面料质感。第二种表现方式是突出线条的排列和装饰性线条效果。水溶性彩色铅笔适用于水彩或色卡纸（图2-5）。

第六节　拼贴技法

图2-6　拼贴技法　作者：孙佳静

拼贴技法是指采用某种特殊材料拼贴出所表现的服装款式、色彩和材质的一种效果图技法，其目的是弥补画笔与颜料无法体现的效果，直接揭示服装的肌理效果。拼贴技法首先需要在纸上画定所贴的形状、位置，然后将所选的拼贴材料按同样尺寸与形状裁剪好，粘贴在所画的区域，最后用画笔或色彩加以修饰、补充。拼贴的材料常选用面料、纸张、印刷品等装饰材料（图2-6）。

第七节　电脑制图技法

随着计算机辅助设计的推广和普及，我们常借助各种软件和手绘板进行效果图的绘制，通过计算机技术模拟服装表面的各种装饰效果，如配饰的添加、花边样式、各种材料肌理表现等，调整和修改起来也比较方便。完成后的效果图还可以在电脑中将款式放到已经设定的舞台环境中去检验，使舞台服装产生模拟演出的画面效果；同时，可以根据舞台灯光设计的光源位置、亮度、色彩来观察服装在演出中的实际效果，以利于同舞美的整体配合。

舞台服装设计的效果图是手绘还是电脑，或者是两者结合一直是争论的问题。其实，任何一种技艺的精湛表达都可以达到很好的效果。拿手绘效果图来说，第一，手绘效果图的传统绘画表现比电脑更加自由和

便利；第二，手绘效果图采用直接的方式，其创作的过程是完
全投入的，不用去思考软件程序的事；第三，在艺术性上，手
绘效果图具有绘画艺术的原创性，画面中留有绘画技巧中的笔
触等痕迹，在效果图完成后依然保留，比起电脑制图更具有艺
术性。当然，手绘效果图基本隔离了直接模拟的方式，完全靠
线条、色块来表现，需要更深厚的绘画功底和对设计本身的把
控能力，在服装效果图的绘制上，更加推荐采用传统手绘加电
脑技术辅助的方式来完成（图2-7）。通过电脑软件模拟服装表
面的各种装饰效果，如头饰的添加、色彩的渐变、褶皱的堆砌
等，调整和修改起来也比较方便。

图2-7　电脑制图技法
作者：王思嘉

第八节　舞台服装效果图的风格

（一）写实风格的舞台服装效果图

写实风格的舞台服装效果图接近于现实的描绘，人物的比例接近正常比例，无论是服装款式、结构、色彩，还是人物的形体和表情都表现得比较逼真、自然，接近现实生活。写实风格的舞台服装效果图较为真实和细腻，通常线条流畅、款式准确，有指导意义，是服装打板和制作样衣的重要依据。绘制写实风格的效果图需要训练自己的绘画基本功，力求准确、生动

图2-8　写实风格的舞台服装效果图（一）　作者：涂莹蕾

图2-9　写实风格的舞台服装效果图（二）　作者：涂莹蕾

地表现人体动态和服装结构。但是写实风格不是对生活的简单复制，而是一种艺术化的真实表现（图2-8、图2-9）。

（二）写意风格的舞台服装效果图

写意风格的舞台服装效果图通常以简洁的手法、概括地描绘人物的形态和神韵，以抒发作者的审美情趣。这种手法落笔大胆、用笔迅捷，色彩凝练生动，着眼于服装的主要特征，舍弃复杂琐碎的造型，在虚与实、具体与省略的关系处理中很讲究。绘制写意风格的效果图对线条、渲染色彩、勾勒结构的造型能力要求更高，应具备对真实造型的归纳能力，通过简化而提升效果图的表现力（图2-10、图2-11）。

图2-10 写意风格的舞台服装效果图（一） 作者：陈志丹

图2-11 写意风格的舞台服装效果图（二） 作者：朱晓新

（三）装饰风格的舞台服装效果图

装饰风格源于19世纪末20世纪初的新艺术运动，艺术家们从原始艺术、巴洛克艺术、洛可可装饰艺术、日本浮世绘、中国古代装饰画及其他东方艺术中汲取其单纯的形式感，提倡装饰性、平面化以及对图形和色彩的高度概括、提炼和加工，并按照美的法则进行夸张变形，采用带有图案化语言的风格。装饰风格的舞台服装效果图中的人物动态、比例、结构可以适度变形，服装结构与面料装饰强调图案美，细节不要求具体，往往需要再用服装结构图加以补充说明（图2-12）。

图2-12 装饰风格的舞台服装效果图 作者：韩月娇

第九节　服装面料质地的表现技法

服装面料质地的表现是效果图的重要内容之一，不论何种织物，从条纹、格子纹、几何纹到印花布图案等，对其图案或肌理效果的组合、尺寸、色彩都需要细致描绘。整体服装的图案描绘不能像画平面的花布那样，必须根据服装款式的特点、人体的凹凸、前后关系以及转折情况的变化进行表现。在画法上必须借助于概括的手法，强调其特征。同时，还须运用色彩来表现服装的面料质感和转折。

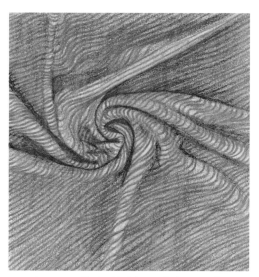

图2-13　薄型面料的表现　作者：谭小曲

（一）薄型面料的表现

薄型面料主要是指纱类、丝绸类和其他织物类中薄而轻的面料，如塔夫绸、双绉绸、薄棉布、亚麻布、雪纺纱、玻璃纱等。表现这类织物时，大多采用水彩画法或薄水粉画法。因为水彩和薄水粉具有清新、透明、湿润、流畅等特点，适合表现具有透明感、飘逸感的薄型面料；还可以用淡彩勾线表现面料的质地（图2-13）。

（二）粗纺面料的表现

粗纺面料质地紧密、外观粗糙，有绒毛覆盖，通常色彩沉稳，组织结构清晰。用它制成的衣服外轮廓通常比较挺括，可用多层涂压色彩的方法表现粗纺面料的外观特点。粗纺面料的表现首先可以选用多层涂压色彩的方法来表现，也可以在平涂的色块上用牙刷刷毛、

图2-14　粗纺面料的表现　作者：刘姝蔓

揉皱、勾画等做肌理，产生一定的粗糙效果。粗纺面料有明显的织物结构，如人字纹、犬齿纹等织物结构，描绘时要若隐若现，要有从明显到含蓄的过渡，画面要避免琐碎，也不能在整个服装上均匀地全部画上组织结构的纹理，而应该把精力着重放在上半身或视觉较集中的部位来突出面料的纹理（图2-14）。

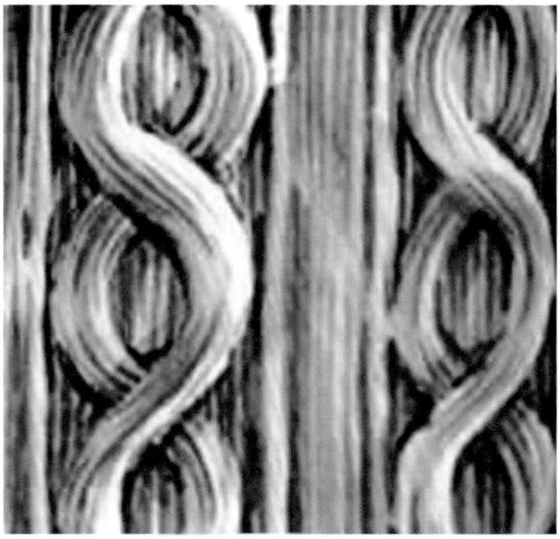

（三）针织面料的表现

针织面料柔软、舒适、纹理清晰，用它制成的服装具有良好的弹性，穿着时紧贴人体。绘制时，应着重表现针织服装的弹性和紧身的特点，模仿面料的组织结构纹理，抓住针织服装柔软、外形不稳定的轮廓特征。针织服装面料质地柔软，轮廓线条圆润，略略表现一下纹理就能取得逼真的效果（图2-15）。

图2-15　针织类面料的表现　作者：谭小曲

（四）编织类面料的表现

编织服装比一般衣料厚，伸缩性大，穿着舒适，不同的花纹与款式使编织面料服装具有不同的风格。因编织方式的不同和线粗细的不同，编织物表面会出现许多花样，有凹凸花样、镂空花样、实心花样等，不同的花样又会产生不同的花纹，如条纹、波纹、横纹、斜纹、格纹等，这些都是描绘编织面料时应注意表现的。绘制编织面料可先用水彩或薄水粉着上一层底色，待干后，再以油画棒或色粉笔画出纹理或图案（图2-16）。

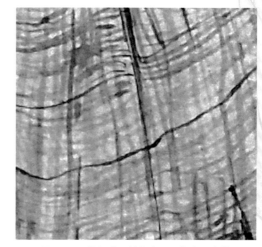

图2-16　编织类面料的表现　作者：余苗

图2-17　牛仔类面料的表现　作者：谭小曲

图2-18　毛皮类面料的表现　作者：胡颖倩

（五）牛仔类面料的表现

牛仔类面料厚而硬，衣片缝合处和贴袋处都采用双辑线，这既能增加牢度又有装饰作用。在表现面料质感时，可用涂抹干擦的方法来表现粗、厚、硬的外观效果，并描绘出这类面料独特的双辑线迹，使牛仔面料的特征更为明显（图2-17）。

（六）毛皮类面料的表现

毛皮类服装由于毛的长短不同，以及曲直形态、粗细程度和软硬程度的不同，所表现的外观效果也各异。毛皮类面料在具体刻画时，可以先用清水平涂一遍，趁水分未干时，根据形体的起伏着色，边缘用干净湿笔接一下；然后将毛笔尖端散开来着色，画出一组组的毛；最后用细笔蘸亮色将毛的光泽表现出来。绘制的时候可从毛皮的结构和走向着手，也可从毛皮的斑纹着手，应着重刻画毛皮的边缘轮廓，以表现其质感和厚度（图2-18）。

第三章

舞台服装设计

　　舞台服装设计就是遵循一定的美学规律，结合相关的素材，运用各种手段，根据剧本的内容和导演的意图，将自己的设计构思通过一定的表现技法展示出来的过程。舞台服装设计有别于其他的设计领域，它是直接以人为设计对象，以面料为主体，根据人体体态的差异，配合色彩、造型、工艺等要素，综合完成的一种设计形式。

第一节　舞台服装的款式设计

　　在舞台服装设计中，服装款式的变化起着决定性的作用，不同的外部廓形设计以及内部细节造型设计，单品上下、内外的穿插搭配，都会展现出不同的视觉效果，丰富和活跃舞台服装设计的内涵。

（一）舞台服装款式中的廓形设计

　　服装廓形是指服装的外部造型剪影，是服装款式设计的根本。舞台服装款式的廓形设计是根据大众审美心理，通过服装材料与人体的结合，以及一定的造型设计和工艺制作而形成的一种外轮廓的体积状态。由于舞台的距离效应，在舞台服装的款式设计中，服装廓形最能体现角色的个性，廓形的样式决定着服装的总体风格。

　　舞台服装的外形千姿百态，通常以字母对舞台服装的廓形进行分类，如最基本的有H型、A型、T型、O型、X型等，每一种廓形都有各自的款式特点和性格倾向，要求舞台服装设计师在设计时根据角色的特征灵活运用，可以使整套服装呈现一种字母型，也可以在一套服装中使用多种字母型进行搭配。

1. 舞台服装中的H型廓形

H型廓形也称矩形、箱型、筒型，其造型特点是平肩、不收紧腰部、筒型下摆，形似大写英文字母H。H型廓形的服装在演员肢体动作过程中可以隐见体形，呈现出轻松飘逸的动态美，显得简练随意而不失稳重。在舞台服装设计中，H型廓形常用于运动装造型、休闲装造型、男装造型、旗袍造型等（图3-1）。

图3-1 H型廓形 作者：尹航歌

2. 舞台服装中的A型廓形

A型廓形也称正三角形廓形，其具有向上的耸立感，常用于塑造洒脱、华丽、飘逸的角色形象，在舞台服装设计中，A型廓形常用于大衣、连衣裙、晚礼服等造型（图3-2）。

3. 舞台服装中的T型廓形

T型廓形类似于倒梯形或倒三角形，其造型特点是肩部夸张、下摆内收，形成上宽下窄的造型效果。T型廓形具有大方、洒脱、男性化的性格特征，常用于塑造威武的男性角色，以及一些女性的中性化造型、职业装造型、军人造型（图3-3）。

图3-2 A型廓形 作者：蒲辑

图3-3 T型廓形 作者：杨迪

4. 舞台服装中的O型廓形

O型廓形呈椭圆形，其造型特点是肩部、腰部以及下摆处没有明显的棱角，特别是腰部线条松弛，不收腰，整个外形显得比较饱满、圆润。O型廓形常用于塑造丰满、富贵、随意的角色，在舞台服装设计中，一般用于休闲装造型、运动装造型、唐代女性服装、肥胖角色的造型（图3-4）。

5. 舞台服装中的X型廓形

X型线条是最具有女性体征的线条，优美的女性人体外形用线条勾勒出来就是近似X型的廓形，在经典女装风格、淑女风格的服装设计中这种线条运用得十分之多。X型廓形的造型特点是稍宽的肩部、收紧的腰部、丰满的臀部，常用于塑造柔和、优美、性感、女人味浓厚的角色形象（图3-5）。

图3-4　O型廓形　作者：肖芳

舞台服装造型离不开人的基本体型，必须借助于人体的基本型以外的空间，用面料、辅料以及工艺手段，构成一个以人体为中心的立体形象。然而，舞台服装的外形线离不开支撑服装的颈、肩、腰、臀、膝等相关的形体部位，对这些部位的设计处理，可以变化出各种廓形，并影响和决定服装的风格及特征。

（二）舞台服装款式中的细节设计

舞台服装款式中的细节设计就是服装的局部造型设计，包括服装廓形以内零部件的边缘形状和内部结构的造型设计。舞台服装的细节增加了审美和情绪的表达，是整体造型中最为精致的一个部分，可以让观众细细地品味。但是舞台服装的细节设计不是孤立存在的，应该与服装整体设计形成有机的联系。

1. 舞台服装款式中的领型设计

颈部的细长外形是人体中充满美感的部位，

图3-5　X型廓形　作者：游晓雨

尤其是女性的颈部，常成为设计的重点，同时也是服装整体效果的视觉焦点。精致的领型设计不仅可以美化服装，领型的恰当选择还能对演员的脸型缺陷起到修饰作用。

领型可以大致分为立领、平领、无领、翻领、驳领。立领是指衣领竖立在领圈上的一种领型，在造型上具有较强的立体感，是具有东方情调的领型，在舞台服装设计中，常用于旗袍造型、民国时期袄裙造型等，制作时可根据演员的脖子长短，稍微将领线向下移动，可以调整颈部长度的比例。平领是指仅有领面没有领台的领型，无领是指只有领圈而无领面的领型，它们都可以根据服装整体效果和演员的脸部形状来调整。如塑造可爱的小姑娘可以用圆形的平领或圆形领线，塑造浪漫的女性形象可以用不规则的平领，修饰圆脸型可以用尖形的平领或领线、修饰瘦长脸型可以用一字型的领线等。除了对平领和领线的拉宽和加长，还可以加边饰、蝴蝶结、丝带等作为装饰。翻领是指领面外翻的领式，其外形线的变化非常自由，领角和宽度的设计空间很大，也可与帽子相连形成帽领，还可以加花边、刺绣、镂空等装饰，其在舞台服装设计中的使用方法和平领、无领类似。驳领是指衣领与驳头连在一起，两侧向外翻折的领式，主要用于男女西装的造型，常用于职场中角色的塑造。

2. 舞台服装款式中的袖型设计

衣袖是连接袖子与衣身的重要部位，如果设计不合理，会妨碍演员的行动，同时衣袖也是服装上较大的部件之一，其形状要与服装整体设计相协调。

影响衣袖设计的因素有袖肩、袖身、袖口以及装饰手段、整体风格等。袖肩的造型主要是指袖山的各种造型，它对服装造型的柔和性和挺拔性有重要的影响。在舞台服装设计中，圆弧形的袖肩可以塑造自然、随意的服装风格；蓬松型的袖肩向下逐渐收窄，可以塑造现代感、科技感、强硬感的服装风格。袖身包括袖长和袖肥，在舞台服装设计中，连身袖、插肩袖、单片袖、直筒袖都可以塑造柔和、轻松的服装风格；双片袖、三片袖适用于塑造严谨、端庄的角色形象。袖口形状包括展现青

春活力、便于运动的紧袖口，适用范围最广的中袖口，以及雍容华贵、适用于礼服或古装的宽袖口等。衣袖的装饰手段十分丰富，可以采用加缀纽扣、肩章臂章、蝴蝶结、拉链等配件，加带、滚边、褶皱、辑线、刺绣等工艺，以及同色同质、同色异质、异色同质、异色异质等不同面料的镶拼等。袖型的设计必须与舞台服装整体风格一致，且符合中西方服饰的特点，中式服装多为平面结构，着装后活动方便、舒适，但是双手下垂时，腋窝处褶皱较多；西式服装多为立体结构，着装后外观潇洒、流畅，但是不便于上举的动作。

3. 舞台服装款式中的纽扣设计

纽扣作为传统的连接性辅料，其主要的作用是固定和连接。纽扣常用于服装的显眼部位，因此也具有极其重要的装饰性，在舞台服装设计中具有画龙点睛的作用。

纽扣的形式多种多样，如木质纽扣，用于编制类服装、休闲装、古装等造型中，显得自然、质朴、随意、大方；金属纽扣在西方传统服装中占有重要地位，常用于表现高贵、经典、前卫等风格。

纽扣在舞台服装设计中以"点"的形式存在，一颗纽扣具有引人注目的作用，往往会成为视觉的焦点；两颗纽扣具有移动的特征，能牵引观众的视线；三颗及以上的纽扣在布局上能产生均衡、平稳的视觉感受。在舞台服装设计中，一般来说，纽扣应该避免过于强烈或跳跃的色彩，以免喧宾夺主；而对于装饰性强的服装，如礼服设计，纽扣多采用鲜艳的亮色，作为整件服装的细节点缀。

4. 舞台服装款式中的门襟设计

门襟是指服装的一种开口形式，一般呈几何直线或弧线的状态。在舞台服装设计中，门襟不仅具有穿着方便的功能，如果结合适当的装饰工艺和配饰品，也可以成为设计变化的重点。

因为门襟与衣领直接相连，所以门襟的造型设计需与领型的设计相配合，而领型的设计又来源于演员的脸型特点，三者应该在设计上具有整体连贯性。门襟的设计需与整体服装风格和其他的局部装饰统一。例如，对称的正门襟设计，可塑造严肃、理性的人物形象；不对称形式的偏门襟设计，可塑造活泼、另类的人物形象；在后背开襟或者肩上开襟更加能够突出角色的个性，甚至是地域性特征。

（三）舞台服装款式设计中的形态美法则

客观事物与艺术作品在形态上的美即形态美，舞台服装款式设计的形式美包括舞台场景的协调美、款式的设计美、制作的工艺美等，这些就是舞台服装设计的具象形态美。此外，在舞台服装设计中所运用的艺术规律，如统一、多样、调和、对比、对称、均衡、节奏、韵律等，就是舞台服装设计中的抽象形态美。

第一，舞台服装款式设计中的多样性和统一性。多样性是绝对的，统一性是相对的，这是两个对立面，在完整的人物造型中，它们是共存的。多样性是指不一致，即从微小的差别到完全的不同，如舞蹈服装设计中，群舞服装和主角服装的统一和变化。在舞台服装设计中，要在多样性的元素中寻找统一性，在统一性的样式中创造多样性，使单调的丰富起来，复杂的一致起来（图3-6）。

第二，舞台服装款式设计中的调和及对比。将相似、相同、相近的因素有规律的组合，使差异面降低就称为调和，调和形式构成的整体有明显的一致性，如戏剧中众多老百姓的服装，虽然款式细节上有所不同，但是整体样式都归纳为男女老少几种款式；色彩也相对统一，面料选择一致。以相悖、相异的因素组合，各因素之间的对立达到可以接纳的最高限度称为对比，对比是一切艺术品的生命力所在。在舞台服装设计上，款式的长短、宽窄、新旧等都能产生对比的效果（图3-7）。

第三，舞台服装款式设计中的均衡

图3-6 服装的多样性和统一性 作者：张如意

两套服装在款式上明显不同，但是放在一起却显得十分统一，关键在于色彩的搭配均用蓝色和金色，在面料的质感上，都采用亮片拼贴、立体化处理等技巧，形成统一的效果。

和对称。中轴线两侧为等形、等量的称为对称，如中山装造型就是左右对称的典型，显得安定和平稳。均衡是指中轴线两边并非等形、等量，而从视觉感受上却像是天平两边等重的情形，显得生动、活泼（图3-8、图3-9）。

第四，舞台服装款式设计中的节奏和韵律。节奏是指一定单位的形有规律地重复出现，可以分为由相同形状的形等距离排列形成的重复节奏，以及由每个重复单位包含逐渐变化的因素、周期性较长的渐变节奏。重复节奏是最简单、最基本的节奏，如定型褶的裙子，每个褶的间隔都一样；渐变节奏产生柔

图3-7　服装的调和和对比　作者：程佳

两套服装在款式上明显不同，色彩采用了蓝色和红色的对比色系，但是放在一起仍然调和，关键在于面料质感上，均采用缠绕、拼贴、立体化处理等技巧，使面料肌理显得协调统一。

和的、界限模糊的变化，如形状的渐大渐小、位置的渐高渐低等。韵律

图3-8　服装的对称　作者：胡雅娴

中国古装通常是中轴线两侧为等形、等量的造型，显得端庄和大气。

图3-9　服装的均衡　作者：胡雅娴　张静雯

服装在中轴线两边并非等形、等量，而通过褶皱、堆砌、灼烧、树丫造型拼贴等面料肌理的处理，在视觉感受上等重的情形，服装造型生动、活泼。

图3-10　服装的节奏和韵律　作者：张苗

图3-11　服装的重点强调　作者：张静雯

服装中用立体花装饰在领口到腰围的位置为重复节奏；裙摆的肌理效果渐大渐小、位置渐高渐低、用疏密不同的排列为渐变节奏。重复节奏和渐变节奏的自由交替形成了独特的韵律。

服装强调腰部，用不同色、不同形的小珠子进行疏密渐变的排列，形成视觉的重点，也是服装的点睛之处。

是指既有内在秩序，又有多样性变化的复合体，是重复节奏和渐变节奏的自由交替，其规律都隐藏在内部，表面上则是一种自由表现，是较难把握的一种形式美（图3-10）。

第五，舞台服装款式设计中的重点强调。舞台服装的重点是指最吸引人视线的视觉中心，也是服装的最精彩之处，视觉中心位置与形状的强调是根据服装整体构思来进行艺术性安排的（图3-11）。

（四）舞台服装款式设计的灵感来源

1. 西方服装款式的发展

古埃及时期：在上古时期的古埃及，不论是古王国时期、中王国时期、还是新王国时期，男女服饰都相当简单，男性仅在腰际穿着围腰裙；女性也仅仅是穿着款式简单的筒型衣裙，紧身，从胸下至脚踝，用腰带或是背带固定，能充分展现曲线，表现一种性感裸露的美感。经典剧目有《阿依达》《埃及艳后》等。

古希腊时期：古希腊人通过体能锻炼来达到体型比例的均匀，体现了对人体的赞美，以包缠式和披挂式的自然而质朴服装款式为主，衣身上的褶纹随着人体的动作千变万化，体现出一种健康、自由、充实的美。经典剧目有古希腊神话剧《伊阿宋和阿尔戈》《俄狄浦斯王》等。

古罗马时期：罗马人的服装款式延续了古希腊服装的样式，其对于身体体态所寻求的理想美与古希腊人相同，同样是以一种强调无束缚性的服装款式为主。但罗马是贵族专政的共和国，等级差别特别强烈，与希腊服装相比有着明显的贵族等级化倾向，贵族服装款式奢侈而华丽。经典剧目有《安东尼和克娄巴特拉》《角斗士》等。

欧洲中世纪：由于基督教所强调的是一种禁欲主义，因此在服饰穿着上，尽可能把自己的身体加以围裹和隐藏起来，不能强调身体的曲线。在欧洲中世纪末期，受到哥特风格的影响，款式上开始强调锐角三角形，在男性服装上，以紧身衣裤来体现细瘦的形象；在女性服装上，强调凸起的腹部，以达到上尖下宽的轮廓美，体现纤细的形象。经典剧目有《堂吉诃德》《圣女贞德》等。

16世纪：文艺复兴时期强调人体的和谐、比例的观念，强调丰润、成熟的形象，强调服装的矫饰性。通过服装来改变身体的轮廓形象，体现在女装上，采用拉夫领来改变脖颈的比例，用紧身衣突显细小的腰身，在臀部上垫臀垫或是穿上裙撑以体现宽阔的下围，女装整体廓形为上小下大；在男装上，采用填充上半身，搭配紧身裤袜，使整体廓形达到上大下小，体现男性的魁梧身材。经典剧目有《罗密欧和朱丽叶》《哈姆雷特》等。

17世纪：依旧延续16世纪的廓形，以巴洛克风格的服装为代表，主要体现在男性服装上，虽有女性化的装饰但又不失男性的力度，短上衣和裙裤的套装，袖口露出衬衫边饰，裤腰、下摆及其他连接处都饰有缎带；女性仍然采用束腰和裙撑来改变原本身体的比例，先有重叠裙，后有敞胸服，以求塑造出理想的身材。经典剧目有《三个火枪手》等。

18世纪：在法国大革命之前，以洛可可风格的服饰为代表，女性服装纤细优美，夸张的裙撑、袒露的胸部和肩膀，大量的花边、缎带和人造花的使用；男性服装呈现女性化的繁琐，开始出现精美的刺绣和纹样。法国大革命之后，男性一改之前追求的阴柔气质，而表现出一种挺拔的气概；女性也一改之前矫饰虚华的样式，而逐渐回归一种自然的形式。经典剧目有《凡尔赛玫瑰》《费加罗的婚礼》等。

19世纪：受到工业革命的影响，男性广泛参加工业活动，对服装的要求也发生了变化，男装基本完成了现代形态的变革，以上衣、背心、裤子的组合套装为主，形成了方正庄严、威武挺拔的典型风格；而女装因为受到社会变革和艺术思潮的影响，重现过去的经典样式，包括简练外形和朴素面料的新古典主义样式，高腰身、细长裙、方领口、重叠穿法的帝政样式，风韵独具而柔情万种的浪漫主义样式，与过去巴洛克、洛可可艺术风格相似的新洛可可主义样式，以及合体连衣裙和突出臀部的巴斯尔时期样式。经典剧目有《茶花女》《巴黎圣母院》等。

20世纪00年代：女性受新艺术设计美学的影响，运用束腰来强调侧面S型的廓形，塑造出丰满的乳房、纤细的腰身、圆翘的臀部等；男性不论服装细节还是整体款式依旧是表现阳刚之气的款式，在之后的年代这种廓形的变化都不大。

20世纪10年代：由于女性在战争时期纷纷从家庭走向户外，开始从事社会服务工作，为了便于行动，女性不再追寻S型的造型，服装款式从丰胸、束腰、翘臀的传统形态向平胸、松腰、束臀的现代形态转变。后期，受到装饰艺术的影响，女性服装廓形上出现了一种追求利落、直线、简洁的长条型，从此女装开始趋向于功能化和轻便化。

20世纪20年代：随着女性角色和地位的改变，造成了服装的变革，强调功能性成为女装款式发展的重点。这一时期的服装款式简洁而轻柔，没有花边或是其他累赘的细节，提出了女装中性化的概念和女装职业化的概念。

20世纪30年代：受到美国好莱坞的影响，女装外轮廓加长，变得更加柔和而优雅，强调一种成熟、妩媚、性感的曲线廓形。这种风格的服装款式在上衣和袖子上都收紧，具有下垂感的裙子和高高的腰线，显得腿特别修长。

20世纪40年代：第二次世界大战全面爆发，在战争期间，女性无暇顾及衣着打扮，服装仅以实用、方便、耐穿为主，普遍穿着的是工作服和制服，垫肩和绷紧的腰带的使用使服装造型显得非常男性化。

20世纪50年代：受到战后新风貌的影响，女性又开始追求曲线美的轮廓。服装样式为收腰、长而大的裙子、窄肩膀、紧身上衣，并强调腰线，胸部和臀部是设计重点。

20世纪60年代：一场年轻的着装风潮打破了时装的传统风格，以革命性的举动改写了服装发展的历程。这场着装风潮包括穿着黑色皮夹克、窄裤腿牛仔裤、缀满纽扣和画满骷髅的摇滚乐造型，穿着拼凑修补或是扎染的长袍、喇叭牛仔裤和佩戴五彩缤纷串珠的嬉皮士造型，以及街头时装、迷你裙等。

20世纪70年代：20世纪70年代是西方服装发展的一个过渡期，朋克风格的服装样式是当时的代表，黑色皮夹克上装饰着闪闪发光的别针、铆钉、拉链，或穿破洞牛仔裤、破烂圆领衫等，朋克的这些另类的服装款式和搭配，深刻地颠覆了传统服饰的风格。

20世纪80年代：受到后现代主义的影响，服装设计的理念有了重大突破，出现了显著的平民化倾向，以及对各民族艺术的包容和对古典主义的传承。女性服装在此时出现了比较颓废的并带有反叛精神的特征，在保持整体风格简约的同时，更加注重细节装饰，体现出休闲的味道。

20世纪90年代：这是一个全球化的时代，服装款式也朝着多元化的方向迈进，设计师不断从街头时装中汲取灵感，植根于平民阶层的大众时装迅速崛起。

2. 中国服装款式的发展

先秦时期：中国的衣冠服饰制度在夏商时期初见端倪，到了周代逐渐完善，并成为划分尊卑的工具。商周时期的服装形制，主要采用上衣下裳制，服装以小袖居多，衣长通常在膝盖部位，衣服的领口、袖口和边缘都有不同形状的花纹图案，腰间用条带系束。

秦汉时期：春秋战国时期出现了一种有别于上衣下裳形制的服饰，名为深衣，这是一种上下连属的服装，它改变了过去单一的服装样式，受到人们的欢迎。后来，秦始皇兼收六国车旗服御，创立了各种制度，其中包括衣冠服饰制度，对汉代的影响很大。汉代大体上保存了秦代遗制，并通过冠帽和佩绶来区别等级。

魏晋南北朝时期：大体沿袭秦汉的旧制，唯魏晋之际，一些名士崇尚玄学清淡，追求灵性自然，行为和服饰不受礼俗所拘，男子戴福巾、穿袍衫、低敞衣襟；女子则穿褂襦、杂裾双裙、垂带飞髾，十分美观。南北朝时期，各少数民族政权初建，仍按照本族习俗穿着，后来受到汉文化的影响，也穿起汉服，最有代表性的就是"北魏孝文帝改革"。而中原人民的服装款式，也在原来的基础上，吸收了不少北方民族的特点，使衣服裁剪得更加紧身和合体。

隋唐时期：隋朝基本沿袭魏晋南北朝的服装样式，在原有的服装款式基础上对部分衣冠做局部调整，服饰样式比较朴素，袍衫和胡服为当时的主要服饰。唐代由于经济发展、中西文化交流，许多新颖的服饰纷纷出现，此时最有代表性的服装样式有袒胸短襦、高腰掩乳裙、帔帛、半臂、女穿男装、胡服、时世装等。

宋朝：服装款式沿袭汉族的传统服饰，总体感觉清新、朴实、自然、雅致。宋代妇女穿着窄袖、交领的瘦长服装，搭配各式淡雅长裙，通常还在衣裳外边再穿对襟长袖褙子。

辽金元时期：衣冠服饰保留一部分汉制，但更多地体现了少数民族的特点。辽、金时期，服饰制度不完备，参考宋制逐步建立。元代服饰上至天子冕服，下到士庶服饰，都井然有序。元代服饰统称为袍，一般男女差别不大，典型的蒙古女性袍服搭配为戴姑姑冠、交领、左衽、长及膝、下着长裙、足着软皮鞋。

明朝：明朝对整顿和恢复汉族礼仪十分重视，首先废弃了元朝服制，然后根据汉族传统习俗，对服饰制度做了新的规定。男子服饰以袍衫为尚，女子服饰主要有衫、袄、霞帔、褙子、比甲和裙子等。

清朝：清朝坚持以满族的传统服饰为基础，制定冠服制度，其制度浩繁，王公大臣必须穿着马蹄袖、蟒服、帔肩、翎顶，对当胸补子、朝珠等级、翎子眼数、顶子材料都有严格的要求。清朝女性服饰的变化较

大，主要以旗装为主，合领、右衽，领口、袖口、门襟处都有宽大的装饰，袍在身侧开高衩，下穿宽口大裤，足穿花盆底鞋。

第二节　舞台服装的材料肌理

舞台服装的材料受戏剧剧本中时间、地点、身份等条件的制约，注重表现不同材料的物质特征与质感，如时代感、表象肌理效果的逼真性、地域与民族的织造特色、色彩习俗，以及轻薄与厚重、悬垂与飘逸等属性，并与角色的性格和身份塑造相吻合，目的在于给观众以角色信息的暗示。角色装扮通过不同的材料来体现会产生不同的艺术效果，材料通过它们自身的特殊质地来唤起观众与材料相对应的感觉与情绪，这样观众就能通过外在材料来给角色下定义了。

所谓舞台服装的材料肌理，就是指服装表面纵横交错、高低不平、粗糙平滑的纹理变化，而这种表面的纹理变化可以使观众的内心产生独特的感受。当穿上衣服，触碰到服装表面的时候，服装的触感常常会强烈地左右演员的心理。对于观众来讲，即使不直接去触碰，只用眼睛看，也有可能产生直接触碰的感觉，这样的心理转变过程就是服装材料肌理在起作用。

（一）舞台服装材料的分类

舞台服装材料种类繁多，从不同角度对舞台服装材料进行分类，可以使设计师对服装材料有一个系统、总体的了解，利于在塑造角色时更好地选择和应用服装材料。

1. 舞台服装中的常规材料

纺织纤维是舞台服装常规材料中最基本的部分，人们通常把长度比直径大千倍以上且具有一定柔韧性能的纤细物质统称为纤维，用于纺织的纤维材料一般分为天然纤维和化学纤维两大类。天然纤维是指取之于自然界，并可以直接用于纺织的纤维材料。自然界中天然纤维的种类很多，有棉纤维、麻纤维、毛纤维等。化学纤维是指通过化学的方法制造出来的纤维，如粘胶纤维、涤纶纤维、锦纶纤维、晴纶纤维等。

（1）天然纤维纺织面料。

天然纤维可以根据纤维的来源和成分分为植物纤维、动物纤维。天然纤维大都具有良好的物理化学性能，如手感柔软、吸湿性和通透性能良好，穿着舒适、染色性能好等。但天然纤维的面料不易储藏，在温暖潮湿的环境中容易发霉、虫蛀等。且天然纤维的生产易受自然条件的影响，产量受到限制。

天然纤维的命名比较容易掌握，一般直接以品种命名。棉花的纤维称为"棉"，全棉府绸、全棉卡其就是棉纤维织制的织物；涤棉细布、棉粘哔叽是棉与其他纤维混纺的织物。棉纤维自然朴实，舒适保暖，透气吸湿，手感柔软，有温暖感，色谱齐全，但弹性较差且不抗皱，染色的色牢度不好（图3-12）。亚麻、苎麻等纤维简称"麻"，麻布是麻纤维织制的织物，麻和其他纤维混纺或交织的比较多，如麻棉布、涤麻布等。麻纤维具有纯朴自然、吸湿透气、凉爽不贴身等特点，还具有抑菌防霉等功能，符合健康绿色的穿着潮流，但弹性差，易起皱（图3-13）。羊毛纤维简称为"毛"，全毛凡立丁、全毛驼丝绵、全毛华达呢等都是羊毛纤维织制的织物，毛纤维可以与其他纤维混纺称为毛涤、毛晴、毛粘织物等。毛纤维手感柔糯，富有弹性，坚牢耐穿，不易变形，弹挺不皱，染色优良，色谱齐全（图3-14）。桑蚕丝简称为"真丝"，真丝双绉是桑蚕丝纤维织制的织物。真丝轻盈滑爽、明亮悦目、华丽富贵、舒适柔和，属于高档面料。

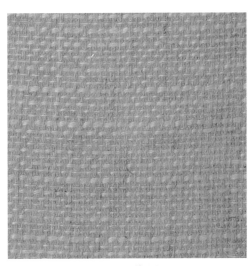

图3-12　棉纤维

图3-13　麻纤维

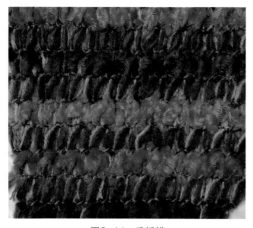

图3-14 毛纤维

全世界纺织纤维的产量很大，并且在不断增长，是纺织工业的重要原料来源。自19世纪末起，化学纤维开始生产并迅速发展，20世纪中叶以来，合成纤维产量迅速增长，纺织原料的构成发生了很大的变化，致使天然纤维在纺织纤维中占的比重有所下降，但仍约占一半，常用的天然纤维有棉、麻、丝、毛等。

（2）化学纤维纺织面料。

化学纤维根据原料来源及处理方法的不同，可分为再生纤维和合成纤维。再生纤维是指取自含天然纤维素或蛋白质的物质，如木材、棉短绒、芦苇、甘蔗、牛奶、花生、大豆等，经过化学处理及机械加工而成；合成纤维是用煤、石灰石、水、石油、空气等为基本原料，经过化学反应和机械加工而制成的。

化学纤维在穿着性能上远远比不上天然纤维，如吸湿性差、手感不如天然纤维好，但是强度高、弹性好、耐磨、不易发霉和虫蛀，特别是化学纤维特有的热塑性能使其获得免烫的优势。化学纤维可以根据实际需要生产，从根本上解决了服装用纺织品原料的问题。

化学纤维的命名有再生纤维和合成纤维之分，而且每一品种又有长丝和短纤维之分，所以它的命名与天然纤维有所不同。再生纤维的短纤维，一般在简称后加"纤"字，如粘胶短纤维简称"粘纤"；合成纤维的短纤维简称为"纶"，作为短纤的标志，如聚酯短纤维简称"涤纶"。化学纤维中的再生纤维和合成纤维，如果是长纤维，都在名字后面加"丝"字。例如，粘胶长纤维称为"粘胶丝"或"粘丝"。

2. 舞台服装中的非常规材料

作为艺术品的舞台服装，为了达到独特的艺术效果，有时

图3-15 非常规材料——塑料
作者：陈书颖

此款设计选用了塑料这种材料，材料质地坚硬而呈半透明的状态，经过和灯泡的组合，产生了现代化和高科技的艺术效果。

仅仅采用常规材料是不够的。因此在舞台服装中，特别是演出样式需要夸张的时候，常借用非常规材料的特殊肌理效果来达到这种设计目的。在舞台服装的表现中，非常规材料的种类很多，凡是能很好地体现设计作品的材料都可以用于服装设计中（图3-15、图3-16、图3-17、图3-18、图3-19）。

图3-16 非常规材料——纸

采用纸和折纸的技巧来表现服装样式，经折叠后的图案凹凸起伏，强烈的纵深感使平面的纸张有了强烈的立体效果。

3. 舞台服装中的辅料

服装的款式造型、服用性、功能性是依靠服装材料的各项特性来保证的，与面料一样，辅料的装饰性、加工性、舒适性、功能性都直接影响着服装的风格特征

图3-17 非常规材料——木筷

我们可以很容易地注意到排列为放射状的线条，它们的材料就是生活中常用的筷子，其材质是木头，设计师将它全部上色成蓝色，与周围其他材料协调，但又直接将其掰断，留下不平滑的端点，造成与其他平滑材料的矛盾，这样的质感给观众带来了一种新颖的民俗效果。

和对角色人物的表现。因此，服装辅料是服装设计的基础之一。构成服装辅料的基本材料是复杂而丰富的，其中包括纤维制品、皮革制品、泡沫制品、金属制品及其他制品，纤维制品是当前辅料中的主要材料。

（1）里料的基本作用、分类与特点以及搭配原则。

服装里料的作用是保护服装面料，并能遮盖接缝，使服装穿着具有保暖性、舒适感，造型更

图3-18 非常规材料——EVA材料
作者：江依涵

EVA材料因其较好的柔韧性和易于塑型的特色，在现代的演艺服装设计中受到越来越广泛的应用。此款胸衣用EVA材料做底，用金色喷漆和丙烯模拟金属质感，使服装轻便而且有戏剧性。

为挺括美观，如呢大衣、西裤等。服装里料的使用使面料内层得到保护而且穿脱方便。

里料的选择要求：里料的性能应与面料的性能相匹配，即里料的缩水率、耐热性、耐洗涤性、强度及厚度应与面料大体一致。里料的颜色应与面料的颜色相协调，即里料的色调与面料的色调一致，里料的色牢度要好，以免沾染面料。服装里料吸湿性、透气性要好，尽可能选用密度小、轻柔光滑、易脱穿的织物。

常用的里料主要包括棉织物、再生纤维织物、合成纤维织物、涤棉混纺织物、丝织物及人造织物。当前，用量较多的是以化纤为材料的里子绸。

（2）衬料的基本作用、分类与特点以及搭配原则。

服装衬料即衬布，它对服装起着衬垫和支撑的作用，能保证服装的造型，多用于服装的前身、肩、胸、领、袖口、袋口、腰、门襟等部位；还可以掩盖体型某一部位的缺陷，如胸低、肩线倾斜等；对演员的形体起到修饰作用，增加服装的合体性，使之穿着挺括、舒适，提高其服装的表达功能和演员的形体美。

衬料的选择要求：衬料硬挺而有弹性，有利于支撑面料。根据使用的部位、用途、面料等情况选择厚度、硬度、弹性不同的衬料，从而使服装穿着合体、舒适、美观。衬料多用白色、淡色或本色，带色衬料要注意其色牢度，不能使面料、里料染色。

常用的衬料：服装衬料品种繁多，市场容量大，性能各异，用途广泛，目前常用衬料有如下类型：

①动物毛衬类：马尾衬，黑炭衬等。

②棉、麻衬类：麻布衬，麻布上胶衬等。

③化学衬类：又称粘合衬，品种很多，按织物种类可分为机织衬、针织衬、无纺衬等；按其基布组成可分为涤纶衬、涤/棉衬、涤/粘衬等。

④粘合衬类：基布的表面有一层粘合剂，只要有一定的温度和压力就会很快与面料粘结在一起，被粘的面料不起泡，平整挺括，不缩水、

不脱胶，粘得牢固，弹性好。

（3）填料的基本作用、分类与特点以及搭配原则。

服装面料和里料之间的填充材料称为服装填料。它的作用是赋予服装保暖性、保型性和功能性，在演艺服装中，填料的作用还表现为塑造各种异型的形体，最常用的为弹力棉。近年来，随着化纤品种的发展，一些轻质、保暖的涤纶中空纤维、腈纶棉及金属棉等也开始作为服装填料。服装填料从材质上大致可分为以下几种：

①纤维材料填料。

纯棉填料：棉纤维是天然纤维，蓬松柔软、价廉舒适，但棉花弹性差，受压后弹性和保暖性降低，水洗后难干，易变形。

动物绒填料：羊毛和驼绒是高档的保暖填充材料，但易毡结，所以与化学纤维混合使用效果更好。

化纤絮填料：随着科学技术的高度发展，各类化学纤维被广泛用作服装填料。

②天然毛皮和羽绒填料。

天然毛皮：其皮板密实挡风，而绒毛中又储有大量的空气，因而很保暖。因此，普通的中低档毛皮仍是高档防寒服装的絮填材料。

羽绒：主要是鸭绒，也有鹅、鸡等毛绒。羽绒的导热系数小，蓬松性好，是深受欢迎的絮料，但羽绒应进行洗净、消毒处理，并且来源受限制，价格昂贵，另外做工要求较高，以防羽绒毛梗外扎，所以羽绒只限于高档服装。

③混合絮填料。

由于羽绒用量大，成本高，研究表明以50%的羽绒和50%的细旦涤纶混合使用，这种使用方法如同在羽绒中加入"骨架"，可使其更加蓬松，保暖性更好，而且造价降低。也有70%的驼绒和30%的晴纶混合的絮料，兼顾两种纤维的特性，降低成本并提高了保暖性。

（4）垫料的基本作用、分类与特点以及搭配原则。

垫料位于服装的里层，主要是赋予服装曲线的外观造型，并纠正演员形体上的某些不足，也可以配合填料塑造特殊形体。垫料的主要品种

包括胸垫、领底呢、肩垫等。

胸垫：按加工工艺大致可分为机织物胸垫和非织造布胸垫，特别在女性演员的造型中，使用胸垫可以使演员的形体更加丰满，可表现娇艳和性感的人物特征。在表现文艺复兴时期男性的剧目中，也常使用胸垫刻画男性倒三角的形体特征。

领底呢：一般用于塑造高档场合的西服造型，手感、弹性要求很高，由于衣领翻竖时，领外露，故其颜色要与面料相配。

肩垫：由于服装款式的千变万化，对肩垫的要求也不尽相同。不同的服装对肩垫的材料运用、加工工艺、大小厚薄、形状等都有不同要求，因而肩垫的品种和规格很多，按其材料和生产工艺来分，可以分为针刺垫肩、定型垫肩、海绵垫肩等。

（5）纽扣的基本作用、分类与特点以及搭配原则。

纽扣的种类繁多，且有不同的分类方法。根据纽扣的材料特点可以将纽扣分为合成材料纽扣、天然材料纽扣、金属组合纽扣等。

合成材料纽扣：此类纽扣是目前世界纽扣市场需求量最大、品种最多的一类，目前不饱和树脂扣是最受欢迎的。合成纽扣具有色泽鲜艳、造型丰富的特点，能起到很好的点缀作用。

天然材料纽扣：这是一类较古老的纽扣样式，几乎一切天然的硬质材料均可作为纽扣的选料。目前舞台上常用的天然扣料有木材、毛竹、椰子壳、坚果、石头、宝石、动物骨等等。天然纽扣深受设计师的欢迎，因为其取材于大自然，各类天然材料纽扣都有其自身的特点，如宝石及水晶纽扣，以自身的高品质和较强的装饰性很好地表现了贵族阶级的特征。这是合成材料所达不到的，但天然纽扣由于取材受限制，造价较高。

组合纽扣件：这是一种较新的扣件品种，随着黏合技术的发展，任何两种材料都能粘合起来，因此组合纽扣的类型举不胜举。由于材料不同，最终的性能也不尽相同，组合纽扣件与其他的纽扣相比，功能更全面，装饰性更强，可以配合服装表现各种不同的样式，所以越来越受设计师的欢迎。

图3-20 纽扣的衬托性 作者：朱家逸

黑色的织锦缎上搭配金色金属扣，显得华丽高贵，增加服装的美感。

图3-22 欧洲宫廷服装上的纽扣

在具有宫廷和贵族特色的面料基调上，用以红色为主色调的饰物装饰，增加了局部的华丽和富贵，扣子的搭配选择了同样的金色，制作工艺精湛，组合成类似于圆形的图案，与整体协调。

另外，关于纽扣的选择也有一些特定要求。纽扣在服装中主要起辅助作用，所以选择搭配要以服装的风格特征为依据，要符合形式美法则，强调对比与统一。同时，还可以利用纽扣不同的材质、风格，在服装设计中起画龙点睛的作用。

纽扣与服装的搭配，整体的统一协调很重要。首先是色彩、图案的整体性和协调性。因此，纽扣常选择与服装相同或相近的色彩，图案花纹也尽量求得与服装接近或一致。其次是纽扣的材质风格与服装风格相协调，如表现朴素造型的服装可配木质纽、骨质纽、贝壳纽等。

纽扣还有衬托服装、装饰服装的作用。如款式过于平淡和素色的服装，可用比较闪亮且色彩艳丽的纽扣衬托，使之显得活泼和有生气；色彩单调的服装，用对比色的纽扣点缀，效果就会不同；表现儿童服装用动物造型或水果造型的纽扣，会倍感稚气可爱（图3-20、图3-21）。

图3-21 纽扣的装饰性

在黑白相间的方格图案面料上，装饰五彩的圆形扣子，很好地将理智而挺括的方格图案与不稳定而鲜艳的圆形图案结合，使面料整体效果活泼可爱，此时扣子不再是功能性的，而表现出了更多的装饰效果。

纽扣的搭配还要根据穿着对象的不同，做不同的选择。如男性角色和女性角色的扣子选择不同，男性角色以协调、庄重为搭配原则，女性角色则风格各异，强调个性与特色；老年人物与青年人物扣子选择不同，老年人物以稳重大方为搭配原则，青年人物则

可有较大的选择余地等。不同职业的表现、不同性格的塑造，搭配纽扣的方法也各不相同（图3-22、图3-23）。

（6）拉链的基本作用、分类与特点以及搭配原则。

拉链作为服装的扣件，操作方便，简化了服装加工工艺，因而被广泛应用。

关于拉链的结构，拉链由底带、边绳、头掣、拉链牙齿、拉链、把柄和尾掣构成。在开尾拉链中，还有插针、针片和针盒等结构。其中拉链牙齿是形成拉链闭合的部件，其材质决定着拉链的形状和性能；头掣和尾掣用以防止拉链头及牙齿从头端和尾端脱落；边绳织于拉链底带的边沿，作为牙齿的依托。而底带衬托牙齿并藉以与服装缝合，底带由纯棉、涤棉或纯涤纶等纤维原料织成并经定型整理，其宽度则随拉链号数的增大而加宽；拉链头用以控制拉链的开启与闭合，其上的把柄形状精美多样，不但有其实用价值，也可作为服装的装饰起点缀作用。拉链能否锁紧，则靠柄头的小掣子来控制。插针、针片和针盒用于闭尾拉链，在闭合拉链前，靠针与盒的配合将两边的带子对齐，以对准牙齿，保证服装的平整定位；而针片用以增加底带尾部的硬度，以便针插入盒时配合准确与操作方便。拉链的号数由拉链牙齿闭合后的宽度口的毫米数而定，如拉链闭合后的宽度 $B=5$ cm，则该拉链为5号。号数越大，则拉链的牙齿越粗，扣紧力越大。表3-1列出了常见拉链的种类、特征和用途。

图3-23 中国古典服装上的纽扣

织锦缎和丝带的组合代表一种优雅的中国复古情调，此时的扣子具有装饰作用，排列为图案进行修饰，并且选用的是中国传统的盘扣进行组合，更加符合这个局部的整体风格。

表3-1 常见拉链的种类、特征和用途

种类	材质	特征	用途
金属拉链	洋白、红铜、黄铜、铝合金	洋白：铜、锌、镍合金，能防止氧化变色，有相当的硬度和韧度，是高级品； 红铜、黄铜：广泛应用，适合强度要求高的拉链； 铝合金：在金属中属最轻者，用此种金属制造的拉链开、闭光滑，价格便宜，但耐磨性不强	用于男衬衫、女衬衫、裤子、茄克、运动装及外套

续表3-1

种类	材质	特征	用途
Y-ZIP	铝合金	特殊的轻型合金，容易开闭，在形状上考虑了强度，硬质氧化铝膜加工，有光泽	用于高级男裤、上衣和运动装
螺旋拉链尼龙拉链聚酯拉链	尼龙、聚酯	吸水性小，耐洗，柔软，薄，能染色	用于连衣裙、礼服、童装、运动装
隐蔽拉链	涤纶、铝合金	表面看不见齿，与针迹的颜色一致	用于女装、童装、连衣裙和裤子
缩醛拉链	聚甲醛、树脂	硬度和金属相同，质轻，低温下强度好，颜色鲜艳	用于女装、童装、运动装

（7）花边、绳、带类产品的基本作用、分类与特点以及搭配原则。

①花边类：花边是指有各种花纹图案作装饰的带状织物，用作服装的嵌条和镶边。花边分为刺绣、编织、针织、机织四大类型。

刺绣花边：刺绣花边分机绣和手绣两种，高档花边的纹样是用手绣在织物上的，图案立体逼真，但产量少、价钱高；大量的是机绣水溶性花边，它是以水溶性非织造布为底布，用粘胶长丝作绣花线，通过电脑平板刺绣机绣在底布上，再经热水处理，然后底布溶化，留下具有立体感的花边，固称为水溶花边。目前市场上流行的水溶性花边有网眼条花、网眼朵花、网眼满幅、水溶朵花、水溶满幅等类型。

编织花边：编织花边又称为线编花边，主要以全棉漂白、色纱为经纱原料，纬纱以棉纱、人造丝、金银丝为主要原料。编织通常以平纹、经起花、纬起花等交织成各种颜色的花边。花边的宽度从1～6 cm不等，根据设计师的需要来确定花边的花型和规格。花边的造型以带状牙口边为主，以牙口边的大小、弯曲程度、间隔变化来改变花边的造型。目前编织花边是花边品种中档次较高的一类，在舞台服装设计中可用于礼服、时装、童装、内衣、睡衣等装饰边。

针织花边：针织花边是经过经编机编织而成的花边，花边大多以锦纶丝、涤纶丝、人造丝为原料，俗称经编尼龙花边。经编组织稀松，有明显的孔眼，立体感差。它分为有牙口边和无牙口边两大类，无牙

口边一般用于服装的各部位装饰；有牙口边的宽度较宽，常常用在装饰用品上。

机织花边：机织花边是由提花机控制经线与纬线交织而成，可以多条单独织制或独幅织制后再分条，花边宽度一般为0.3～17 cm。机织花边按原料可以分为纯棉、丝纱交织、尼龙花边等。丝纱交织花边又称为民族花边，少数民族剧目和舞蹈中普遍使用，图案大多是吉祥如意、庆丰收等，具有民族特色。

花边的主要特征是其装饰性，花边能为服装增添几分色彩和亮点，利用织物的立体感可使人物造型获得优雅的美感；刺绣线的色彩与图案可组成综合的工艺美。图3-24花边在塑造女性的柔美和儿童的天真活泼造型中被广泛运用。花边是镂空织物，透气性很好，但部分凹凸刺绣图案妨碍了空气的流通，看起来凉爽，有时却不然。

②绳类：绳是由多股纱或线捻合而成，直径较粗。服装中常用的编织绳，分为装饰绳和松紧绳两种。

装饰绳：装饰绳以锭编织为主，可分为单数锭编织和双数锭编织两种。单数锭编绳为扁平绳，一般宽在1.5 cm以下，如鞋带之类。双数锭编绳为圆形，直径在0.2～1.5 cm之间，编织绳可织成空心绳和实心绳。编织绳质地紧密，表面光滑，手感柔软，外观呈人字纹路，材料主要是人造丝、涤纶低弹丝、丙纶等，染成各种颜色，然后编织成单色或花色绳。过去绳类主要用作帽、鞋及书包的紧扣材料，随着服装款式的创新，其更多地应用于服装的配件，如羽绒服、风雨衣等，在不同的部位辅以装饰绳能使其显得更加活泼潇洒，以绳作为造型元素而设计的服装部件，或以单色、多色的绳搭配而成，或以绳材料

图3-24　花边的使用　作者　邓学莹

中国古典服装的腰部制作，采用刺绣花边、串珠花边和流苏、金色滚边等装饰，使服装细节丰富，更具有美感。

图3-25 绳的组合

大量采用白色麻绳进行多种工艺的处理，有直线和曲线的紧密排列，有盘绕成点的强调，或者编织为各种图案，虽然在此材料上有各种形态，但是由于都统一在同一材料——白色麻绳中，整体丰富有变化。

单独制作，或以绳和面料相互组合而成，形成了不同的视觉感受（图3-25、图3-26、图3-27）。

松紧绳：松紧绳呈圆形且具弹性，采用锭编织机织造，中间为芯线，外包纱线，有较好的弹性。其中外包纱线为棉线、人造棉或人造丝等。

③带类：带与绳类似，服装中常用的带有松紧带、罗纹带、缎带、丝带等。

松紧带：具有弹性的扁平状带织物，质地细密，表面平挺，手感柔软，弹性适宜。组织结构一般为平纹组织、斜纹组织或其他复杂组织。随着演艺服装的不断发展，松紧带的品种也不断增加，花色繁多，在扁平织物上织出镂空花边带、针织彩条带等，并广泛应用于运动装、生活装、鞋帽、工艺品等的造型中。

罗纹带：用棉纱与氨纶包芯纱交织而成的弹性带织物，表面呈罗纹状。它是平纹与重平组成的联合组织，织造时处于紧张状态，回缩时形成横向凸条。一般规格为宽6 cm，主要用于茄克衫下摆、袖口等部位，产品花色繁多，颜色各异，是服装服饰配套不可缺少的饰品。

缎带、人造丝带：采用缎纹组织织成的带织物，以装饰功能为主。经纬纱均采用人造丝、平纹组织，先织后染而成。一般用于女性时装、历史服装的装饰。

图3-26 毛线的盘绕

在平整光滑的白色面料上，用细毛线盘绕成圈，并大小不等地进行排列，使布面具有凹凸的肌理效果，细毛线采用明度和纯度较低的色调，整体效果统一。

图3-27 绳与纱的组合

在土黄色的面料上进行肌理处理后，蒙上一层白纱，使肌理效果若隐若现，在白纱无规律的褶皱中，穿插有条理的麻绳盘绕的图案，在虚实、规矩和不规矩的视觉效果中展示面料的独特效果。

其他带类：除了上述介绍的3种带类产品，还有针织彩条带、滚边带和门襟带等。针织彩条带的宽度一般在1～6 cm之间，是针织运动服装的辅料。滚边用的带状织物称为滚边带，滚边带专用于羊毛毯、腈纶毯。门襟带是供羊毛衫、针织内衣门襟贴衬用的带织物（图3-28）。

图3-28　带的编织和盘绕

（二）舞台服装材料的组合和编排

舞台服装设计师对材料进行提升与精炼的组合，赋予材料以新的外观和明确的内涵，并通过材料构成的服装形式来引起观众的思考，体现设计的灵感与创作意图，在与众不同的艺术样式与视觉效应中追求设计的生动性和鲜明性。

将带进行编织和盘绕，用大面积的黑色和小面积的红色点缀，形成具有中国复古情调的风格，可以运用在旗袍或者汉服的装饰中。

图3-29　人造水钻和羽毛的叠加和混搭

1. 舞台服装材料的叠加和混搭

材料肌理的叠加和混搭是指通过多样的性质与形态或者一样的性质多样的形态来丰富舞台服装设计，在不同属性的材料中，引起人们对肌理的触觉想象，传达肌理的情绪并丰富肌理的艺术感染力（图3-29、图3-30）。

正是叠加和混搭的自由运用，使得普通的材料和模糊的、支离破碎的、模棱两可的材料具有特殊的肌理效果，这种效果越多、越强烈，舞台服装才能产生刺激，才能给观众提供幻想和虚构的感受。

轻薄、厚重、高雅、闪烁的多样性质和形态的材料构成叠加和混搭的肌理效果。一个局部用了多种材料，有轻柔而半透明的羽毛，有古典而高雅的盘扣，有闪烁而华丽的水钻，还有滑顺而优美的缎带。这些材料一起构成了一种肌理效果，在轻薄和厚重、高雅而闪烁的对比效果中，唤起欣赏者情绪的激荡，或许会想到凡尔赛宫的贵妇、百乐门的舞女，赞叹她们销魂夺目的美丽，也感慨深居宫中或者生活所迫的悲哀。

图3-30　人造水钻和铁丝的叠加和混搭

将蓝、红、黄等各色的亮钻堆砌在一起，并用弯曲的黑色线条进行分割，加强肌理的次序化，形成如教堂玻璃画一样的心理感受。即使是不值钱的人造水钻，经过设计师的叠加和混搭设计，带给欣赏者的也是如同哥特式教堂中的华丽和神圣的意境。

2. 舞台服装材料的简化和概括

材料肌理的简化和概括是指在材料的总体或者部分中去掉一部分没有鲜明表现倾向的内容，保留核心部分，使材料要传达的中心思想更加明确。比如常用的抽出、洗磨、归纳等手法就是简化和概括的处理技法。这里的简化和概括不是指"简单"，不是说一块白布比一块织锦缎简单，也不是指单色布比多色布简单，我们对肌理的简化和概括是为了使看上去简单和朴实的材料包含更多复杂的内涵（图3-31、图3-32、图3-33）。

所以简化和概括并不是指一个形式中只包含了简单的几种材料，也不是一种单纯的材料与材料之间的关系。简化和概括是设计师将作品中能够使我们激动起来的力量提炼出来，并使之与其他能引起同样感情的经验结合起来，从而使作品在欣赏者心中产生共鸣，那么这样的材料肌理才是对整个作品形式有意义的。

图3-31 材料的洗磨和上色

一块白布经过水洗和做旧后，再进行磨砂和上色，使肌理呈现出一种破旧的磨损感，这样的肌理会使服装形式表达出岁月、沧桑的浓郁情绪，在整体结构上，比未经简化和概括的材料意味更加丰富。

图3-32 材料的抽出

麻纤维按照次序抽出其经线，使肌理出现虚实关系，形成了一种节奏感，而正是这种节奏感，使得布面塑造出一种朴实自然的感受。

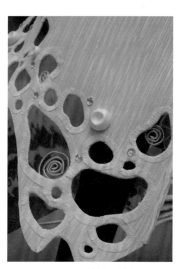

图3-33 材料的镂空

用镂空这种技法，将本来具有顺畅线条的材料纹理，用看似无意确是故意的镂空效果，在末端终止纹理的流畅性。镂空的图案为大小不一的不规则的形状，相互穿插排列。为了起到强调的作用，在镂空处还将其边缘进行包裹修饰，增强了材料的肌理效果，使材料具有现代化、几何化的审美特征。

3. 舞台服装材料的拼接和延续

材料肌理的拼接和延续是指材质与纹样中几个相同成分连加的组合方法，它通过材质的编排或纹样的延续，产生丰富的肌理效果。在舞台服装材料肌理的处理中，当观众的眼睛陆续浏览这些连续的对象

图3-34 材料纹理的延续

将拉夫领上的8字环绕图案进行编排和组合。拉夫领是16世纪发展起来的独立于衣服之外的一种白色褶饰领饰，最有特色的就是一圈像雨伞一样支撑在脖子上8字形图案，而这里的材料肌理将这个8字形的环绕经过上下左右的反复连接，构成了蜂巢似的形态，使服装形式更具有雕塑感，而用这种欧洲贵族喜爱的装饰作肌理，表达出的服装形式具有同样的富贵和华丽。

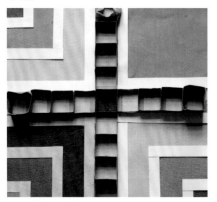

图3-36 以直线为主的材料肌理

由立体和平面的几何线条和形态组成，稳重而有规律；色彩锁定在黑白灰三色，深沉、黑暗、神秘而反叛，从这种沉闷的呻吟中能体现出类似于重金属摇滚的风格，主唱低鸣深沉的狂吼咆哮、电吉它快速反复的密集节奏，一种无旋律的重量感。

时，总会因为它而提高或者加强了自身的情感。如果想要观众的知觉达到强烈快感的最高度，就需要这种刺激（图3-34、图3-35）。

经过编排和组合的材料肌理之所以感动人，那是因为它能触及欣赏者的感受力，并连续地与欣赏者的大脑和心灵相沟通，形成了审美心理效应。

4. 舞台服装材料的分解和剥离

从材质与纹样中连减相同性质的部分，使材料的性质与纹样更加抽象，化丰富为单纯，注重表现材料或纹样的灵魂，这就是材料肌理的分解和剥离（图3-36、图3-37）。

图3-35 材料图案的延续

材料图案灵感来源于俄罗斯教堂建筑，洋葱头似的教堂建筑，由几个色彩鲜艳的螺壳型塔和一个主塔组成。图案用对比的金棕色和蓝色水钻进行图案的拼贴，直线形、弧形、点的处理以及面的编排进行纵横交错的组合。这种华丽的真谛和实质来自于构成这个形式的材料肌理的固有属性，它不可能是偶然发生的魅力，是当欣赏者的眼睛在陆续的浏览这种对象的时候，才会发生的美的感应。

图3-37 以曲线为主的材料肌理

有规律的曲线和闪烁的银白色，一种带有舞厅里镭射灯光的华丽节奏被展示了出来。

（三）舞台服装材料的二度创作

舞台服装材料的二度创作一般是指在制作具有为舞台服装准备的前提材料时，同时也具有最符合表演者形象的规定性的设计或设想。它虽然最终应以表演服装的形态出现，但是这种形态不是随意的"形"，而应体现出某一特定表演服装的功能，即把材料、款式、角色身份、服用性、表演性、动作性等各种要素有机地统一而构成的形。舞台服装材料的二度创作分平面肌理处理和立体肌理处理两种，平面肌理仅创造一个角度的形，而立体肌理必须考虑由多个角度构成的形；平面肌理一般偏向视觉因素，只要求传达意义和表现美感效果，立体肌理还涉及形态与材料、结构与加工的适应性等因素。

1. 染色技法

染色是服装材料进行染整加工处理的重要组成部分。在舞台服装设计中，经常由于设计的需要，对面料进行重新染色，服装材料天生并不具有色彩或很少带有颜色，唯有纺织印染加工才能使其变得五彩缤纷、花色繁多。同时，染色也可使材料原有的一些瑕疵得到掩盖和修复，提高了服装材料的服用性能。服装材料染色的效果随所用染料及染品而异，有的色泽鲜亮明快，有的则轻柔和缓，还有的表现出深沉肃雅之风，适合于不同性格的角色穿着（图3-38、图3-39、图3-40）。

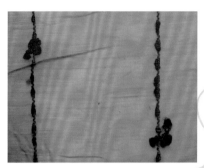

图3-38　色彩晕染

将棉纤维进行绿色调的晕染，使其出现不均匀的效果，在布面上进行编织图案的处理，使面料更具有立体感，并使其具有民俗风格。

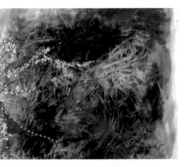

图3-39　抽象染色

在面料上进行蓝紫色调的任意晕染，使图案形成虚幻的效果，在局部进行多色亮片的粘贴，形成写实的效果。此面料适合运用在迷幻的戏剧剧情中，塑造精灵和妖魔的形象。

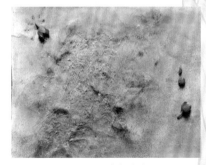

图3-40　色粉染色

在粗糙的麻纤维上用蓝绿色调的色粉进行染色，形成朦胧的视觉效果，再用对比色红色，选择写实的花朵形态进行点缀，使面料质感更加具有审美特征，适合塑造具有梦幻效果的女性形象。

2. 印花技法

舞台服装设计中，有时必须对设计的图案进行印花，以此来达到设计目的。印花的方法很多，可因设备而异，也可因印花工艺和印花织物而不同（图3-41）。

图3-41　印花技法

3. 手绘技法

手绘技法是指不同于社会化工业大生产的手工印染工艺，其根据织物的纤维属性，选择相应的染化材料和绘画工具，在织物上直接染绘。直接染料手绘的纹样色彩绚丽而抽象，可以产生各种肌理效果。涂料直接手绘则运用于较细腻的图案及纹样的绘制，染剂里要调配粘稠的浆料以增加颜色的附着性。其中，真丝丝绸手绘是艺术与工艺相结合的结晶，具有欣赏与实用的双重价值。真丝丝绸手绘一直以方巾、长巾、手帕为主，但近年来已发展到服装，如真丝短袖衫、无袖衫、套装、长裙、夹克衫等女装。

主要的绘制技法分为两大类：第一，防染绘技法，这是用防染剂在织物上先进行防染绘，再敷彩或两者穿插进行。由于防染剂的不同，可分为隔离胶防染绘、浆料防染绘、蜡防染绘等。隔离胶防染绘，适合于表现线形纹样，可以用来绘制较细致的纹样，如中国工笔画的线描图案形象。浆料防染绘是用淀粉浆或水溶性胶水等作为防染剂，再敷上染液或将染料、浆料混合成色浆后作为防染剂的防染技法。这种技法适合于表现粗犷和抽象的图案形象。蜡防染绘是用蜡作防染的织物手绘技法，民间传统的蜡染工艺即采用此法。第二，型染绘技法，这是指借助雕花模具、漏版印花板或绞结等手法进行防染，用其他方法完成染色或手绘的技法，如十分常见的扎染工艺（图3-42、图3-43、图3-44）。

4. 刺绣技法

刺绣泛指在一定的面料材质上按照设计要求进行缝、贴、钉珠、穿

图3-42 国画效果的手绘

图3-43 型染绘技法表现 作者：吴泽铠

图3-44 古风手绘 作者 胡雅娴

在白色棉质面料上进行手绘，采用国画效果绘制荷花，并对布面进行立体化处理，使面料的效果呈现出传统而优雅的美感，适合塑造唯美的女性。

在麻纤维上，采用型染绘技法，用金粉进行图案的表现，形成强烈的肌理效果，这种斑驳的质感适合塑造具有岁月感和沧桑感的角色。

在棉纤维上勾画两汉时期纹样，使服装更具有时代特征和装饰性。

刺、黏合等手法，通过运针，用绣线组织成各种图案和色彩的一种技艺。如果再把不同的装饰材料加以组合，便可形成立体感和装饰性都很强的设计效果。常见的方法包括彩绣、贴花、缉明线、钉珠片、多层透叠等。刺绣工艺历史悠久，遍布世界各地，刺绣的方法也各不相同，每一地区的产品又各具地方特色（图3-45、图3-46、图3-47、图3-48、图3-49、图3-50、图3-51、图3-52、图3-53）。

传统绣花手法多种多样，但纯手工的生产费工耗时，产量极低且价钱高昂。现代的电脑绣花工艺已经可以代替手工技术生产出大批量物美价廉的绣花产品。

5. 绗缝技法

绗缝技术是一种缝纫工艺，将棉絮或毛绒夹在布料之间，一针一线地缝补，以防止棉花滚动结团，使加工后的产品结实耐用。如果在此基础上加以装饰处理，可在织物的表面形成凹凸的立体图形，极具特色（图3-54）。

6. 镂空技法

在平整的面料上镂空，用手工或机器锁边，或直接采用不易起毛边的

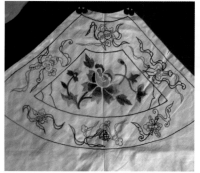

图3-45 彩绣

彩绣一般指以各种彩色绣线绣制花纹图案的刺绣技艺，具有绣面平整、针法丰富、线迹精细、色彩鲜明的特点，在服装饰品中多有应用。彩绣的色彩变化十分丰富，它以线代笔，通过多种彩色绣线的重叠、并置、交错，产生华而不俗的色彩效果。尤其以套针针法来表现图案色彩的细微变化最有特色，色彩深浅融会，具有国画的渲染效果。

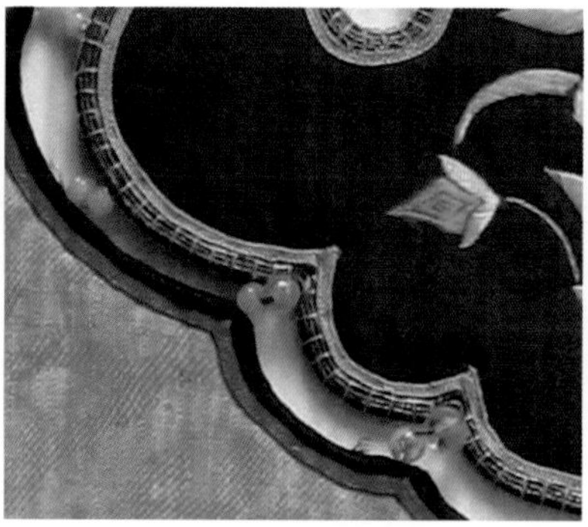

图3-46 包梗绣

包梗绣主要特点是先用较粗的线打底或用棉花垫底，以便使绣出的花纹隆起，然后再用绣线刺绣，一般采用平绣针法。包梗绣花纹秀丽雅致，富有立体感，装饰性强，又称高绣，在苏绣中则称凸绣。包梗绣适宜于绣制面积较小的花纹与狭瓣花卉，如菊花、梅花等，一般用单色线绣制。

图3-47 雕绣

雕绣又称镂空绣，是一种有一定难度、效果十分别致的绣法。它的最大特点是在绣制过程中，按花纹需要修剪出孔洞，并在剪出的孔洞里以不同方法绣出多种图案组合，使绣面上既有洒脱大方的实地花，又有玲珑美观的镂空花，虚实相衬，富有情趣，绣品高雅、精致。

图3-48 贴布绣

贴布绣又称补花绣，是一种将其他布料剪贴绣缝在服饰上的刺绣形式。中国苏绣中的贴绫绣也是这一类。其绣法是将贴花布按图案要求剪好，贴在绣面上，也可在贴花布与绣面之间衬垫棉花等物，使图案隆起而有立体感。贴好后，再用各种针法锁边。贴布绣绣法简单，图案以块面为主，风格别致大方。

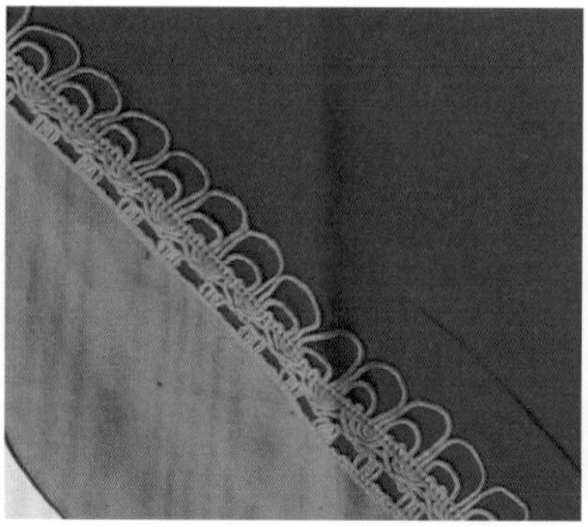

图3-49 钉线绣

钉线绣又称盘梗绣或贴线绣，是把各种丝带、线绳按一定图案钉绣在服装或纺织品上的一种刺绣方法。常用的钉线方法有明钉和暗钉两种，前者针迹暴露在线梗上，后者则隐藏于线梗中。钉线绣绣法简单，历史悠久，装饰风格典雅大方。

图3-50 珠片绣

珠片绣也称珠绣，它是将空心珠子、珠管、人造宝石、闪光珠片等装饰材料绣缀于服饰上，以产生珠光宝气、耀眼夺目的效果，在舞台表演服上最常用，以增添角色的美感和吸引力，同时也广泛应用于鞋面、提包、首饰盒等服饰物品上。

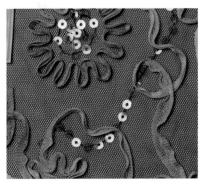

图3-51 绚带绣

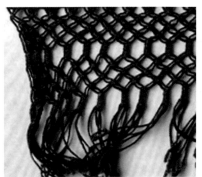

图3-52 抽纱绣

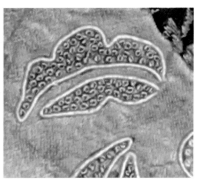

图3-53 打籽绣

绚带绣也称扁带绣，是以丝带为绣线直接在织物上进行刺绣。绚带绣光泽柔美、色彩丰富、花纹醒目而有立体感，是一种新颖别致的装饰风格。

抽纱绣是刺绣中很有特色的一个类别。其绣法是根据设计图的部位，先在织物上抽去一定数量的经纱和纬纱，然后利用布面上留下的布丝，用绣线进行有规律的编绕扎结，编出透孔的纱眼，组合成各种图案纹样。用抽纱绣可使绣面具有独特的网眼效果，秀丽纤巧，玲珑剔透，装饰性很强。由于绣制有一定难度，抽纱绣图案大多为简单的几何线条与块面，在一幅绣品中可作为精致细巧的点缀。

打籽绣又称"打子绣""结子"等，由古老的"锁绣"发展而成，其绣法是由下而上抽针之后，将针穿出绣面，以针孔所牵带的绣线绕针尖一圈或几圈，随即在抽针点近旁刺下绣针，扯紧绣线，绣线压住环套，就形成了突出的小粒子。打籽绣以点构成纹样，技法上有"满地""露地"之分，有"粗打籽""细打籽"之别，由于肌理感强，常用于表现物象形态的质感和花卉的花蕊等纹样。打籽绣可单独使用成点，也可集结使用成线或面。

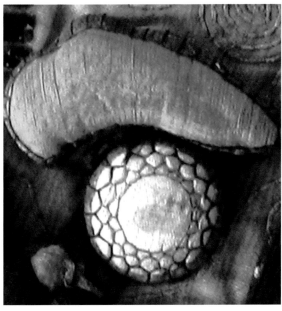

图3-54 突出的立体图案

图3-55 材料的镂空

材料进行镂空。传统的做法是镂空绣，又称为雕绣，即在面料上按花纹修剪出孔洞，并在孔洞中绣出或实或虚的细致花纹。现代机绣工艺可以大批量生产镂空面料。另外，现代热熔定型工艺可以防止一些化纤面料切口产生毛边，使用雕花工艺就可以直接在底布上镂空出各种精致的花纹（图3-55）。

7. 破坏性处理

破坏性处理即破坏面料的表面，使其具有类似各种无规则的刮痕、穿洞、破损、裂痕等不完整、无规律的破坏外观，如抽丝、镂空、烧花、烂花、撕裂、磨损等处理（图3-56）。

8. 压褶和压纹技法

压褶和压纹技法是指使用不同压力的轧辊对织物进行压轧以获得波纹效果的工艺。压褶的外观效果繁多，有排褶、工字褶、太阳褶、牙签褶、人字褶、钻石褶、波浪褶等，可形成不同形式的立体表面肌理，视觉和触觉奇异而强烈（图3-57）。

使用不同压力的轧辊对面料进行规则或不规则的压皱处理，定型后的面料形成立体凹凸的纹理，可以收缩拉伸，近似手工打缆的效果，用于服装上能有效地衬托出女性身材的曲线美，也常用于塑造年轻人的时髦感觉。

9. 做旧处理

做旧处理是指织物经纤维素酶的生物水洗生产工艺处理，变得更柔软、舒适，织物原本的艳丽色彩经处理后褪掉浮色，具有色彩朴素、肌理丰富、自然仿旧的效果（图3-58）。

图3-56　面料的灼烧　作者：胡雅娴　张静雯

图3-57　面料的压褶

图3-58　战争场面军装做旧处理

第三节　舞台服装的色彩搭配

舞台服装色彩的搭配，不单影响到服装款式、面料、配饰等方面的设计，还影响到角色的性别、年龄、性格、职业、环境等多个因素。

（一）舞台服装色彩的表现性

舞台服装反映不同的时代、不同的政体、不同的经济状态、不同的地域和民族特色，作为舞台服装中具有表象特征的色彩，也渗透着不同民族和历史背景、时代变革的烙印、角色自我表现等，体现出不同的审美趣味、意识象征。

1. 舞台服装色彩的象征性

舞台服装的色彩不仅仅局限于一般色性的象征，它包括与角色相关的民族、时代、性格、地位、情绪等因素，所以舞台服装色彩的象征性具有极其复杂的意义。

图3-59　唐朝贵妃服饰
作者：李倩

首先，舞台服装色彩象征着角色身份的尊卑和高低。早在皇帝轩辕时期，我国就有了"作冕旒、正衣裳、染五彩、表贵贱"的服装制度，开始使用不同的色彩表示阶层。在舞台服装色彩中凡具有扩张感、华丽感的高彩度色或者是暖色系的色彩都象征着统治阶级、高地位者、富有者等（图3-59），而平民百姓只能用有收缩感的、寂静的低彩度色。

其次，舞台服装色彩象征特定的时代背景。如表现18世纪的法国，体现在服装上就是洛可可时代那种优美而繁琐的贵族趣味，色调是低彩度、高明度的中间色，常用鹅黄色、绿豆色、粉红色、月白色、浅紫色等，搭配花边丝带、人造花和层层的裙摆，烘托出洛可可时期独有的罗曼蒂

图3-60　18世纪法国贵族服饰
作者：王慧敏

克气氛（图3-60）。

另外，舞台服装色彩也是角色性格最好的写照。如《红楼梦》中角色的塑造，就做到了人各有性，衣各有色。用白色、月白色、绿色等清雅素淡的色彩象征林黛玉多愁善感、悲凉凄切的性格；用粉红色系的柔和甜美象征薛宝钗的八面玲珑、审慎处世的性格；用攒珠镶金、彩绣斑斓的绚丽色彩象征王熙凤美艳华丽、心狠手辣的性格。舞台剧中常用色彩代表角色性格、年龄、生活经历等（图3-61）。

图3-61　话剧《阮玲玉》人物造型设计　作者：刘婧婷

图中左侧效果图，以米黄和淡橘色为基调，搭配角花图案，表现阮玲玉15岁的少女形象；图中中间效果图，用清新的绿色系，搭配碎花图案，表现初入影视圈阮玲玉的清纯美丽；图中右侧效果图，用枣红色刺绣旗袍和咖啡色毛呢大衣，表现阮玲玉高贵的气质和屡次受到爱情打击后的深沉和悲哀。

2. 舞台服装色彩的装饰性

舞台服装色彩的装饰性体现在两个方面，一是以图案、辅料、配饰的色彩来达到表面装饰的目的；二是有目的地对角色进行装饰。

无论是有花纹的面料，还是采用印、绘、绣等工艺手段构成的图案装饰，都使舞台服装本身成为装饰对象。舞台上，中国古代的宫廷服装、近代华丽的旗袍、日本的和服、印度的沙丽、高级定制的晚礼服、少数民族的服装等，其色彩都具有浓厚的装饰性，也展示着历史的故事，表达着角色的心愿（图3-62）。

舞台服装色彩装饰性的第二层含义主要是围绕着角色，着重于舞台服装色彩与角色的体态、内心以及舞台环境的协调，既使舞台服装本身不存在外表华丽的装饰，但用一两个色彩与舞台大环境的结合，也能

图3-62　色彩的装饰性
作者：李姜凤

充分展示出角色的气质和面貌。

3. 舞台服装色彩的时代性

色彩是舞台服装设计中的重要表现要素，在漫长的发展过程中，色彩不但形成了自身特有的美学规律，而且还在不同历史时期表现出不同的时代特征。这种特征不但影响着服装的发展，而且也是一种时代精神和人文内涵的反映。为了表现不同的历史时代背景，舞台服装色彩的设计和搭配常常成为某个特定时代的象征。

以中国古代服装为例，夏朝崇尚黑色，商朝崇尚白色，周朝崇尚赤色，秦朝崇尚黑色。从战国时期楚墓出土的织物来看，当时的楚国流行褐色系的服装；汉代出土的大量织物基本上是红褐色一类的暖色调；魏晋时期则崇尚清淡；盛唐织物颜色十分丰富，有银红色、朱砂色、水红色、降红色、鹅黄色、杏黄色、金黄色、宝蓝色、葱绿色等，但衣着色彩绚丽却不失典雅；宋代的织锦技艺达到了相当高的水平，当时的服装用色素雅庄重，很少用高彩度的原色；元代民间印染工艺迅速发展，色彩变化多样，漂染技术精湛，流行褐色，但是就褐色的品种来说包括鹰背褐色、银褐色、珠子褐色、藕丝褐色等数十种（图3-63）。

4. 舞台服装色彩的民族性

色彩所表现出的民族性，与这个民族的自然环境、生存方式、传统习俗以及民族个性等方面相关，舞台服装色彩的民族性就是表现一个民族精神的标志。

纵观世界，东西方不同的民族心理，直接影响了各民族的色彩体现。例如，以热情、奔放的明朗色彩为代表的西班牙民族；以冷峻、淡雅的理性色彩为代表的北欧民族；以浓妆艳抹、繁缛绮丽的热带色彩为代表的印度民族；以及以含蓄深远、朦胧韵味的色彩为代表的中华民族。

就我国而言，地大物博、人口众多，

图3-63 以红色和黑色为主的汉代服装 作者：吴小莉

北方民族因寒冷季节较长，服装色彩多为深色；南方民族因温暖季节较长，服装色彩多为浅色。具体到各个民族，又有各个民族的风格。如新疆的维吾尔族，服色多采用黄沙中少见的绿色、玫红色、枣红色、橘黄色等浓艳的颜色；云南的傣族，服色多以鲜艳、柔和的色组出现，像淡绿色、淡黄色、玫红色、浅蓝色、浅紫色等，最深的颜色就是孔雀绿了，白色的运用也十分广泛（图3-64、图3-65）。

图3-64　羌族少女舞蹈服装

图3-65　羌族男孩舞蹈服装

（二）舞台服装色彩的心理效应

心理是人内心活动的一个复杂过程，它由各种不同的形态组成，如感觉、知觉、思维、情绪等。所以，当角色服装的形态和色彩作用于观众心理时，会产生一种综合的、整体的心理反应，研究这种心理反应，有助于服装设计内涵的提升和角色塑造的完善。

1. 舞台服装色彩中色相产生的心理效应

色相是指色彩的不同相貌。不同波长的光给人的感受不同，人们将这种不同的感受赋予一个名称，如红色、橙色、黄色、绿色、蓝色、紫色，它们是光谱色中的基本色相，色彩学家们将这些色相以环状排列形式体现，形成一个封闭的环状循环，就构成了色相环（图3-66）。

红色：对视觉的影响力很大，能使人联想到太阳、火焰、血液、红花、红旗等。纯红色让人感到兴奋、热情、健康、饱满，有挑战意味，在舞台上可以用于表现个性坚强、热情、具有号召力和革命性的角色；紫红色、深红色让人感到稳重、庄严，在舞台上可以表现高贵、成熟、神秘等气质的角色；粉红色让人感到轻松、愉快，在舞台上可以表现温柔、浪漫、可爱的年轻形象（图3-67）。

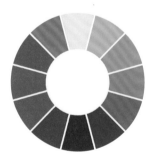

图3-66　12色色相环

色相环可以分为12色、18色、24色等，一般均用纯色表现，在色相环中要尽量把色相距离分割均等，可以在主要色相的基础上确定各中间色。

橙色：橙色是色彩中最明亮、最温暖的颜色，能使人联想到灯光、阳光、鲜花等，在舞台上可以展现华丽、辉煌的服装效果，常用于塑造愉快、热情、富贵、成熟的角色形象。橙色也极富于南国情调，在气候炎热的东南亚，人们的肤色普遍偏黄黑色，常用明亮的橙色衬托出明朗、强烈和生机盎然的感觉（图3-68）。

图3-67　以红色为主的服装
作者：朱家逸

黄色：极易映入眼帘，性格很不稳定，黄色单独使用或者与黑色、大红色搭配，具有华丽、辉煌、强烈、注目的感觉，如皇帝的服装使用明黄色；黄色与粉红色搭配，在舞台上可以表现可爱、幼小的角色；黄色与橘色、绿色搭配显得十分热闹和悠闲，在舞台上可以表现快乐、热情的角色；有时黄色也代表紧急、不安、危险等感受，在舞台上表现神经质的角色（图3-69）。

图3-68　以橙色为主的服装
作者：徐文

绿色：绿色是大自然的颜色，有着广泛性的运用，嫩绿色、草绿色象征生命和希望，可以塑造年轻、开放的角色形象；翠绿色、孔雀绿象征着

图3-69　以黄色为主的服装　作者：朱家逸

盛夏和兴旺，可以塑造华丽、清新、帅酷、高冷的角色形象；深绿色、橄榄绿是森林的颜色，可以塑造稳重、端庄的角色形象（图3-70）。

蓝色：蓝色是天空、海洋、湖泊、远山的颜色，是色彩中最冷的颜色，与橙色形成鲜明的对比，也具

图3-70　以绿色为主的服装

有较宽的可变性。浅蓝色或者是蓝色和白色的组合，具有透明、清凉、流动的感觉，在舞台上表现聪明、年轻、有活力的角色；深蓝色或蓝色与黑色的组合，有深远、收缩、内在的感觉，在舞台上表现冷漠、理智、深沉、消极的角色；蓝灰色常用于表现平民角色；蓝色与橘色、红色、翠绿色等组合也能表现出活力和高科技的感觉（图3-71）。

紫色：紫色是色相中最暗的颜色，性格也很不稳定。彩度高的紫色令人产生奢华和庄重的感觉，可以塑造高贵、神秘、沉着的角色；灰暗的紫色有一种哀伤的感觉，可以用于表现疾病、痛苦和贫穷；明度偏高的紫色温和而娇艳，可以塑造活泼、年轻、性感的角色，是女性色彩的代表（图3-72）。

无彩色：黑白灰属于无彩色，在色彩体系中扮演着重要的角色，当一种颜色混入白色时会变得比较明亮，混入黑色时变得比较深暗，混入灰色时原色彩将失去原有的彩度。无彩色单独使用时，白色具有明亮、清净、扩张的感觉；黑色具有沉静、神秘、消极、悲哀的感觉；灰色是中性的颜色，具有平稳、乏味、朴素、无趣的感觉。黑白灰色调对其他颜色都能起到很好的调节作用，黑白灰的搭配，可以塑造尖锐、正式、朴素的角色；黑色与大红色搭配，可以塑造大胆、热情、摩登的角色；黑色

图3-71　以蓝色为主的服装
作者：张静雯

图3-72　以紫色为主的服装
作者：王思嘉

与暗红色、深绿色搭配，可以塑造理性、古典、庄重的角色；白色与粉色搭配，可以塑造可爱、甜蜜的角色；白色与蓝色、绿色搭

图3-73　以黑白色调为主的服装　作者：高丽

配，可以塑造年轻、清纯、有活力的角色形象（图3-73）。

2. 舞台服装色彩中色调产生的心理效应

色调是指一组配色或是一个画面总的色彩倾向，它是色相、明度、彩度的综合，常用于创造不同的色彩氛围。

以色相配色为主的色调：色相是指色彩的相貌，色彩在舞台服装设计中孕育的一切感情、力量都在色相中表达，色相的确定，就是角色情绪、性格、感觉的确立。色相通常以一个或者两个主色为主，其他颜色与之协调，或同类、或近似、或对比（图3-74）。

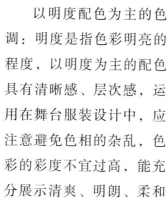

图3-74　色相配色　作者：江依涵

图3-76　低明度配色　作者：陈莎

以明度配色为主的色调：明度是指色彩明亮的程度，以明度为主的配色具有清晰感、层次感，运用在舞台服装设计中，应注意避免色相的杂乱，色彩的彩度不宜过高，能充分展示清爽、明朗、柔和的整体效果（图3-75、图3-76）。

图3-75　高明度配色　作者：任姿粼

以彩度配色为主的色调：彩度是指色彩的鲜亮程度，在明度保持一致的情况下，彩度的配色得以全面的发挥。在舞台服装设计中，高彩度的配色显得富有生气、有活力，但是也会显得简单和幼稚；低彩度的配色显得含蓄、柔和、富有修养，但是也会使角色缺乏个性，显得平淡（图3-77、图3-78）。

图3-77　高彩度配色　作者：王思嘉

图3-78　低彩度配色　作者：陈书颖

第三章　舞台服装设计

这三类配色性质不同，但是相互依存和作用，想要使角色体现得更加完美、和谐，只有将色相、明度、彩度的配色同时考虑进去才能够实现。

3. 舞台服装色彩的感知和联想

不同的色相和色调具有各自的特征，会使人们产生各式各样的感情反映，尽管这种反映由于民族、性别、年龄、职业等的不同而各有差异，但其中的共性还是很多。

色彩的冷暖感：冷暖是人体本身体验温度的经验，而这些生活经验和印象的积累，使得视觉成为了先导，如看到红色感到温暖，看到蓝色感到寒冷。悲剧中的悲哀、凄凉的气氛常用冷色调来体现一种沉静感；喜剧中欢乐、喜庆的气氛常用暖色调来体现一种兴奋感。而在单个舞台角色的塑造中，穿着暖色调的服装，角色体现出柔和、温暖，容易接近；穿着冷色调的服装，角色体现出冷漠、高贵，具有距离感（图3-79、图3-80）。

图3-79　暖色调服装配色
作者：张颖

图3-80　冷色调服装配色
作者：周薛

图3-81　轻盈的色彩
作者：徐文

色彩的轻重感：色彩的轻重感与明度相关，在舞台服装设计中，采用白色、鹅黄色等高明度的颜色搭配，能塑造出轻盈的感觉，常用于仙女、天使、神仙等角色；采用黑色、藏蓝色、褐色等低明度的颜色搭配，能塑造出一种厚重的感觉，常在严肃的历史剧中运用（图3-81、图3-82）。

色彩的软硬感：色彩的软硬感主要取决于明度和彩度，明度高、彩度低的色彩有柔软的感觉，如常用于天真的小姑娘服装中的粉色调；明度低、彩度高的色有坚硬的感觉，

图3-82　厚重的色彩
作者：程德玉

图3-83 软硬结合的配色 作者：余苗

黑色厚重坚硬，表现漆皮的质感，浅蓝色轻盈通透，表现雪纺的质感，服装在材质和色彩的对比中塑造时尚的女性形象。

如常用于女强人服装中的深色调（图3-83）。

色彩华丽感和朴素感：明度高、彩度也高的颜色显得鲜艳、华丽，在塑造欧洲宫廷贵妇的角色时，常采用活泼、强烈、明亮的华丽色调进行搭配；彩度低、明度也低的颜色显得朴实、稳定，在塑造老者、平民等角色时常采用暗色调、灰色调、土色调这类具有朴素感的色彩进行搭配（图3-84、图3-85）。

图3-84 华丽的配色
作者：杜颖林

除了以上提到的色彩带来的直接感知外，色彩还存在一种更为复杂的间接心理效应，就是联想。色彩联想是指当人们看到某一种色彩时，时常会由该色彩联想到与其相关的其他事物，这些事物可以是具体的物体，也可以是抽象的概念。如红色，我们既可以联想到具体的事物，如太阳、火焰、鲜花等，也可以产生抽象联想，如革命、激昂、热情等。这种联想不仅可以作用于人的视觉器官，还可以同时影响其他感觉器官，如听觉、味觉、触觉等，对我们的舞台服装设计和角色塑造提供了全方位的可能。

图3-85 朴素的配色
作者：陈书颖

（三）舞台服装色彩的配色原理

就配色的目的性而言，第一，纯粹追求美的配色，如美术作品；第二，注重实用性的配色，如安全标志；第三，既追求美又注重情绪的配色，如服装设计配色、室内设计配色、建筑设计配色等。在追求美又注重情绪的配色中，由两种或两种以上的色彩恰到好处的组合，体现出善恶、美丑、喜怒、哀乐等情绪，这是色彩性格的表现，必须对色彩的形态、面积、位置等之间的比例、均衡、节奏等要素同时进行考虑。

色彩的统一与变化：类似的颜色组合在一起，给人的视觉往往是美的、舒服的，但是过分的统一，也会变得枯燥无味，无生气，这时就必然要寻求心理、视觉上的变化。

色彩的平衡：通过色彩面积的分布，不同色相、明度、彩度的变化能感受到的一种力量的平衡和心理的平衡，主要分为对称平衡、非对称平衡。对称平衡具有单纯明了的秩序特征，用于舞台服装中，赋予角色稳定、安静的性格；非对称平衡指色彩的性格、面积、位置等分布不均匀，赋予角色活跃、新鲜、运动的感觉。

色彩的节奏和韵律：节奏是简单的重复，而韵律是富有情调和意境的节奏，通过色彩的面积有规律地渐变、交替，或是有秩序地重复色彩的明度、彩度、色相、形状等要素所获得的节奏。色彩的节奏和韵律包括渐变节奏、反复节奏、多元化韵律。渐变节奏是一种色相、明度、彩度和一定的色形状、色面积等像光谱或色阶那样依次排列，常用于舞蹈服装中；反复节奏是由要点的反复带来的节奏，可以是同颜色的花边、镶边在领部、门襟、袖口、下摆处的连续出现，也可以是面料上的宽窄彩条、色块的四方连续等的交替出现；多元化韵律是在配色中将色彩的冷暖、明暗、鲜浊、形状等进行高低起伏、重叠、转折、强弱等变化，这种节奏的运动形式和结构很不规律，是各种复杂元素的结合，是一种自由的节奏形式，在舞台上可以表现出强烈和明确的效果，也可以表现出杂乱无章的效果。

色彩的单纯化和复杂化：造型艺术中单纯的形、单纯的色最具有感召力，单纯并不一定就是简单，也绝对不是单调，而是更加集中、更加强烈、更加醒目的效果。舞台服装中的色彩单纯化是指减少配色的条件，以尽量少的数量和单纯的配色关系来体现角色，如通体雪白的小龙女造型，将丰富、微妙的变化含蓄地展现在单纯的白色之中，显得质朴而柔和，且充满仙气。色彩的复杂化是指由色彩的变化要素决定的多个色彩的组合，其效果丰富而细腻、刺眼而炫目，具有风格化的特征。在舞台角色的塑造中，原始、自然、活泼的角色形象常采用这类色彩。

色彩的强调：色彩的强调是指为了弥补配色中的贫乏与单调，用突出的色彩吸引人们对服装某部分或对角色本身的注意和兴趣。在舞台服装设计中，角色的头、颈、肩、胸、腰等部位都属于配色的重点部位，而伴随着演员的运动，有节奏感的配色，也会在视觉上产生一种强调的意味。

色彩的间隔：当配色中相邻的色彩过于融合或者过于强烈时，我们可以采用另一种色来进行间隔，使这种模糊或者对比的关系变得明朗和舒适。在舞台服装工艺中，旗袍、袄裙等服装配色鲜艳，常用一种素色的面料在领、门襟、袖口、下摆等部位进行镶嵌，一方面打破了原有的强烈对比，另一方面又给角色增添了曲线美。

色彩的关联：色彩的关联指服装中外套、内衣、裤子、头饰、纽扣、首饰等之间的色彩呼应关系，做到你中有我，我中有你，从而获得一种既统一又丰富的效果。如在秧歌舞的服装中，上衣如果选择了白底起黑、红小碎花面料，裤子一定会取上衣的任何一个色，或白色或黑色或红色都是协调的。

（四）舞台服装色彩设计的灵感来源

色彩的感觉和色彩的灵感来源于生活本身，从我们的历史中、外部世界中、其他艺术作品中去寻找创作的源泉，去发现有色彩的客观物体对人的视觉、心理所造成的影响，并对其研究、分析后进行再创造。

1. 原始的色彩

原始人纹身的现象极为普遍，通常作为部落间的标志、参加仪式的

证明、舞蹈或者赴战等等。原始人用于纹身的色彩并不多，包括以下4种：红色是原始人最喜爱的颜色，红色是生命的象征，红色能使人兴奋，在狩猎和战争中十分常见，特别是在男性的装饰中，地位尤其突出；黄色与红色有类似的特征，代表光明和温暖，受到原始人的推崇；可以较容易地从煤炭和黏土中提取的黑色和白色也是原始人装饰身体之色。

2. 古埃及的色彩

古埃及是由黄褐色的沙漠和金字塔，蓝绿色的尼罗河和绿洲所组成的国家。金字塔中的壁画描写的是死者在走向冥界时所盼望再生的一种愿望，壁画底色用黄褐色为背景，黑色代表冥界的颜色，衣服常常用白色描绘，白色作为神圣的色彩被人所敬重。古埃及人常见的搭配是白衣和黑发，配色上相对单调，所以他们在脸部化妆时用了很丰富的色彩。他们从孔雀石中提炼绿色，并制成眼线膏来描画眼圈，翡翠绿色和青绿色是王族守护神的象征，代表再生和丰收；口部化妆并不重要，口红主要是从棕红色植物中提炼出的鲜红色。认为自己是太阳之子的埃及人，对黄金极为喜爱，他们将黄金和琉璃、玻璃、宝石相结合制成各种饰品，其色彩鲜艳，象征太阳神的金黄色体现出一种至高无上、富丽堂皇的崇高感，具有浓厚的宗教和辟邪的意味。

3. 古希腊和古罗马的色彩

西方文明的楷模是古希腊和古罗马时期的文化艺术，古希腊和古罗马的美一方面是确立了造型上的浑厚美感，但另一方面却失去了古埃及壁画中的色彩象征性。古希腊和古罗马以白色大理石为基本材料的建筑基调是一种无色的美，黑绘式陶器和红绘式陶器也是古希腊和古罗马色彩语言中不可忽视的一个方面。古希腊人和古罗马人所偏爱的色彩明确地体现在服装色彩上。古希腊女性身着细条衣褶的多利安裙，服色以白色为基调，搭配的外套偏爱蓝色、玫瑰色、紫色等；古希腊男性服装基本以毛麻织物的本色作为主要色调，特别喜欢搭配紫色系列的外套。古罗马人基本沿袭了古希腊的色彩体系，作为古罗马人的圆角大褂，根据穿着者的阶层不同，其色彩也不一样，执政官、职员是白底青紫色镶边的服装；国王、祭司、骑士的礼服是紫色或藏青色和紫色的组合色；凯旋的将军和皇帝在公开场合下的服装以红紫色为底，再加金丝刺绣为主；女子服装以白色为主色调，再用红、黄、紫、蓝等搭配。

4. 拜占庭帝国的色彩

拜占庭帝国是基督教的王国，基督教所描述的世界是闪烁着各种宝石的光辉，充满着紫、蓝、绿、黄、红、橙等色彩的理想天国，基督教中的各种色彩具有深刻的象征意义。《圣经》中说，上帝的姿态是不经任何染色的白光，因此在基督教中白色象征上帝本身，也意味着灵魂的纯净和崇高的生命。在拜占庭美术中，也常用金黄色的光芒来象征上帝，也表示太阳、爱情、永恒、威严、智慧；红色一方面是圣化了的色彩，殉教徒、圣职者用红色的服装，另一方面红色也是世间俗恶的象征，如表现淫妇等；绿色来源于摩西从上帝手中收到刻有戒律的青玉板，象征着希望和丰收；蓝色来源于晴朗的天空，象征着天国、信念和真实；紫色是一种至高无上的色彩，是上帝圣服的色彩，它是代表王室和教皇的颜色；灰色是不漂白的麻的颜色。

5. 中世纪的色彩

中世纪是一个用严格的清规戒律、封建等级制度规定日常生活的时代，这些严格的身份秩序、等级秩序和种族秩序，导致了服装的款式、色彩乃至面料的种类、帽子的形状等的严格区分，从中也赤裸裸地体现了人生的喜悦和悲哀。正由于人们身份及所属阶层受到了各种色彩和形态的约束，出现了多种多样色彩同时泛滥的场面。同样，拜占庭以来的基督教色彩象征主义一直延续到中世纪的教会和修道院，并扩展到了外界。例如，上流社会的妇人穿深红色、绿色、暗紫色、橙黄色的装束；市民常用蓝色；修道士使用白色；文书使用深绿色；骑士使用茶褐色；仆人使用多彩的条纹服装等。除了身份、阶级、职业的象征，色彩也常用于人生的各大事件之中，如祭祀中的白色、丧礼的黑色、皇室人员诞生时的紫色、男子求婚时的绿色等。

6. 文艺复兴时期的色彩

文艺复兴是从中世纪的桎梏中解放出来的自由时代，在雕塑、绘画

方面开始提倡复兴古典主义，以乔托为开端，经过拉斐尔、达芬奇，直至米开朗基罗，他们发现了透视画法的规律，研究了远近法，并进行了色彩的革命，使得基督教色彩象征主义和绘画科学色彩相互融合，以鲜明夺目的色彩讴歌了人类的理性，赞美了人类的体魄和热情奔放的性格。人们在服装上喜用鲜艳豪华的色彩，不仅是青年男女喜爱绚丽夺目的节日盛装，从皇后贵族到一般市民也以鲜明为美。文艺复兴时期的服装色彩很少用混合色，常采用特别浓烈的红色、蓝色、橙色、胭脂色、紫色等原色。

7. 巴洛克时期的色彩

巴洛克时代，法国波旁王朝的路易十四和路易十五建立了中央集权制度，为了显示自己的君主权威，在宫廷建筑、宫中礼仪、社交场合和服装款式色彩上，都千方百计地加以夸张，以达到显示其伟大和威严的目的。他们宣扬上帝在地上的化身就是专制君主，因此君主就要穿金戴银，黄金和宝石是君主的衣裳，其忠臣也应富丽堂皇，色彩崇尚传达君主旨意的厚重风格，失去了文艺复兴时期的鲜明轻快的情调，即使是在鲜艳的地方，在一定程度上也要比之前浓重。服装喜爱暗紫色、胭脂色、深红等暗红色系，明褐色到乌贼褐的褐色系，橄榄绿到深绿的暗绿色系，金黄色到土黄色的黄色系，以及浅蓝色到深蓝色的蓝色系。

8. 洛可可时期的色彩

洛可可时期被称为女性的时代，崇尚女性的华丽、绚烂、豪华的趣味，与巴洛克时期崇尚男性化、凝重型的风格形成鲜明的对比。洛可可的色彩将18世纪贵妇人的生活和情感以其固有的语言表达出来，以银色为中心，色彩对比逐一被去除，服饰上明亮的天蓝色、柔和的蔷薇色替代了巴洛克时期的紫色和深紫色，淡黄色替代了橙色，雅光的淡绿色代替了闪闪发光的碧玉色等等。有一段时期，跳蚤色的服装十分流行，采用跳蚤头色、跳蚤肚色、跳蚤腿色等微妙的色彩差异，将柔和的肉色分得很细。人们形象地将各种色彩的浓淡差别以修女的肚子、妻子的腹部、妓女的大腿、姑娘的臀部来作比喻，这种大胆的色彩术语，是洛可可时期人们幻想的结晶。

9. 19世纪末到20世纪初的色彩

19世纪末被称为黄色时代，作为传达世纪末那种焦躁、不安和狂气，黄色是最合适的颜色，由于闪光色的流行，金黄色、绿色和蓝色的组合，显得华丽而高雅。而19世纪末的英国，到处洋溢着神秘迷人的无彩色系，绅士们身穿黑色西装，头戴黑礼帽，女性的靴子和长筒袜一律是黑色，裘皮服装是时尚的淡灰色，男女一律用淡灰色的手套，参加晚会则是穿白色的礼服。而20世纪初的俄罗斯芭蕾舞团的舞台服装，使用了东方风格中黄、红、青、绿、黑等丰富原色，以鲜艳夺目的色彩效果，带给巴黎观众巨大的震动，给当时的服装和室内装饰带来了重大的影响，特别值得一提的是巴黎时装设计师保罗·波瓦莱发布的"一千零一夜故事"风格的系列服装设计。

10. 中国的色彩

中国历代服装设计对色彩都相当重视，从秦汉开始，每次的朝代更替，统治者都必须"改正朔""易服色"，其目的是为了说明新时代的到来。色彩对于中国古代政治体系如此重要，色彩制度的观念也就应运而生，它主要以阴阳五行学说为根据，即金、木、水、火、土五行各有其代表的色彩，分别是白、青、玄、赤、黄五色。按照色彩的尊卑分为"正色"，白、青、玄、赤、黄为贵；"间色"以两种正色相合为贱，并根据不同的色彩排列官阶。至于装饰色彩的观念和意义，也有华夏民族独特的色彩心理认识，如白色象征平静、纯洁、悲哀；青色象征永恒、温和、年轻；玄色象征沉着、持久、稳重；赤色象征吉祥、幸福、平安、财富、喜悦；黄色象征权贵、尊严、华丽。在中国古代使用的这些色彩观念在把握明度、纯度、色相等色彩要素的前提下，充分呈现出多彩多姿的用色概念，如主色调以淡雅色彩，副色调以鲜艳色彩，从而达到相辅相成的用色关系；以黑、白、金、银等色出现在对比色之间，达到色彩调和的感觉；普遍运用渐变色的观念，产生色差远近距离的效果等，从这些配色当中能够很好地反映出古代中国色彩中的哲理和智慧。

第四节 舞台服装的风格样式

舞台服装的风格样式是指角色外观形象创造中不同服装特色，包括运用各种艺术手段与表现技巧，在所创造的服装形象中体现设计品味、时代、流派、戏剧特征等方面的要求。舞台服装的形式语言大致可以归纳为写实性处理和非写实性处理两大类型。写实性处理注重在舞台上再现现实的史实性形象，让观众真切地感受真实的生活面貌，并使之同剧中人物融合，从款式到面料、配件、工艺等所有方面，都着眼于写实；非写实处理，也可以称为象征与写意类型，主要根据各自的主张与意念，用强调、简化、变异等造型方法来创造形态。

（一）舞台服装的写实性风格

舞台服装的写实性风格是指服装样式以史实为依据，客观地反映剧目所表现时间与空间中的生活形象，在设计和制作的过程中，从造型到装饰、从材料选择到工艺特点，从色彩到质地等，力求准确与贴切，在现实主义剧目及史实性剧目中常常用到。

写实性风格的舞台服装在于精确反映戏剧情节的历史时期和角色的真实性格，对服装的要求是，对剧目中的时代、季节、地点、气氛、性格等都以身临其境的设计造型为原则，如给潦倒的角色穿单调、过时的服装；给潇洒倜傥的角色穿华丽、装饰性强的服装等。

舞台服装的写实性风格实例：

《哗变》

演出单位：四川音乐学院戏剧系

剧情简介：讲述了二战尚未结束，近乎报废的凯恩号战舰在一次执行战斗任务时，在南太平洋海面上遭遇到强台风。为了避免战舰沉没，舰长魁格和副舰长兼执行官玛瑞克发生了分歧，也因此爆发了美国海军历史上最为著名的一次哗变事件，以玛瑞克为首的哗变一方，解除了舰长魁格的指挥权，并躲过了强

图3-86 《哗变》演出剧照

台风的袭击。事后，魁格向军事法庭提起诉讼，控告玛瑞克犯有夺权哗变罪（图3-86）。

设计构思：服装造型立足于二战时期的军装，力图真实地再现当时美国军人的形象。本剧以对话为主，所有角色均是军人，且有不同的军衔，在人物之间的对话中都有详细的说明，可根据剧本和历史资料设计不同的军种和级别，在服装色彩、肩章、胸章等部分加以区分。

《家》

演出单位：四川音乐学院戏剧系

剧情简介：故事发生于五四运动前后的四川成都，当时中国社会正处于一个风起云涌、激烈动荡的历史转折时期。高公馆是一个官僚地主阶级的大家族，公馆中除了老太爷，还有五房分支。剧中主要以长房中的三兄弟：觉新、觉民、觉慧的故事为主，以各房以及亲戚中的各种人物为辅，描绘了一幅大家族生活的画面，集中展现了封建大家族生活的典型形态，也真实地记录了一个封建大家族衰落、败坏以至最后崩溃的历史过程。

设计构思：服装设计在时代的基础上充分地展示人物性格和身份，参考剧本中对每位人物造型的描写，接近原著进行人物服装设计，并且考虑到悲剧的主题，色彩从新婚的暖色调渐变为冰冷的灰色调，烘托出一个封建大家族衰落、败坏以至最后崩溃的悲哀。

剧中主要角色瑞珏，她是高家名义上的长房长孙媳妇，具有中国传统女性的美德，温柔贤惠、相夫教子、单纯善良。觉新是一个新旧掺半的人物，他接受了封建主义的正统思想，但也对封建家庭的腐败不满，通过服装造型，塑造了懂风情、

图3-87 《家》瑞珏和觉新试装　　图3-88 《家》瑞珏和觉新试装

有学养、会思考、有灵气的形象（图3-87、图3-88）。

《好撒玛利亚人》

剧情简介： 圣剧《好撒玛利亚人》忠实于《圣经》，以路加福音第十章"好撒玛利亚人"的故事为基础，讲述了一个犹太人被强盗打劫，受了重伤，躺在路边，有祭司和利未人路过但不闻不问，惟有一个撒玛利亚人路过，不顾教派隔阂善意照顾他，还自己出钱把犹太人送进旅店。剧中以好撒玛利亚人象征耶稣，以福音书里修圣殿、赶鬼、行淫者被扔石头的习俗等为故事背景，从而形成外表的伪善和内心爱的真实，外表冠冕堂皇和名利双收，内在的生命光景之间的戏剧张力。

设计构思： 服装注重写实，仔细查找相关资料，力求还原当时的场景。剧中涉及的几个民族和职业都有深厚的历史背景，撒玛利亚人是一个非常古老的民族，据称他们是在3000多年前迁居到以色列北部的一个部族的后裔；利未人是以色列利未支派的祖先；祭司是在宗教活动或祭祀活动中，为了祭拜或崇敬所信仰的神，主持祭典的人员；律法师是专门研究、传授、讲

图3-89 撒玛利亚人
以斯拉服装效果图

图3-90 祭司亚弥珥
服装效果图

图3-91 商人贾勒特
服装效果图

图3-92 律法师阿德莱
服装效果图

图3-93 利未人服装效果图

图3-94 小鬼服装效果图

解律法的犹太人中的法利赛人。在设计服装造型的过程中，应该充分理解这些民族和职业，从而真实地呈现角色服装（图3-89、图3-90、图3-91、图3-92、图3-93、图3-94）。

（二）舞台服装的写意性风格

舞台服装的写意性风格是指服装形象没有明确的史实与民族性，追求服装形象的形式寓意与舞台气氛，通过假定、意指的处理给观众以联想与暗示。通常是款式上概括简洁、形态轮廓抽象化，装饰上单纯、省略，色彩上带有象征性和类型化，服装是揭示剧中人物心态的符号，在象征主义、表现主义、荒诞派剧目中常用到。

写意性风格的舞台服装是通过服装和人物外形的典型化，去适应戏剧气氛，并达到夸张角色某些性格特征的目的，如给一个无赖的角色穿

一件宽阔的、肩头填充饱满的上衣；给一个愉快的角色穿一件硕大的、滚圆臀部的长裤。

舞台服装的写意性风格实例：

《拜访森林》

演出单位：四川音乐学院戏剧系

剧情简介：剧本根据格林童话改编而成，故事将4个童话：豌豆与杰克、小红帽、灰姑娘以及长发姑娘的故事串联在一起，在剧情推动下让童话中的主人公进入同一座森林，对抗共同的敌人。剧中展现了人性丑陋和不为人知的一面，同时也告诉观众人性并非全然丑陋，团结一心才能战胜困难。

设计构思：剧情虚构，没有特定的时间和地点，服装设计体现性格化，对经典的人物设计可参考童话故事中的描述，从而得到观众的认可。例如灰姑娘的造型：她是一位美丽聪明的姑娘，能够边工作边歌唱，她拥有真正的高贵气质。其在童话故事中的特点为一头漂亮的金色头发，喜欢用发带扎起来；眼睛的颜色像蔚蓝色的海洋一般深邃、迷人。灰姑娘的造型可以参考卡通插画和各种绘本（图3-95、图3-96、图3-97、图

图3-95 《拜访森林》灰姑娘服装效果图（一） 作者：王佳

图3-96 《拜访森林》灰姑娘服装效果图（二） 作者：陈志丹

图3-97 《拜访森林》演出剧照

图3-98 《拜访森林》灰姑娘一家剧照

图3-99 《拜访森林》灰姑娘的后妈、大姐、二姐剧照

图3-100 《拜访森林》杰克一家和面包师夫人剧照

图3-101 《拜访森林》女巫剧照

图3-102 《拜访森林》小红帽和杰克剧照

3-98、图3-99、图3-100、图3-101、图3-102）。

《青春禁忌游戏》

演出单位：四川师范大学

剧情简介：本剧讲述了4名年轻的学生为了得到老师存放试卷保险柜的钥匙，换掉他们上午失败的考试试卷，以为老师过生日为名，精心策划、实施的一个残酷的游戏。女老师的理想主义情操和孩子们那与自身年龄不符的残酷、冷漠，进行了一场以死亡为结局的较量。

设计构思：服装无具体的时代，以现代服装款式为设计基础，主要在色彩和装饰上体现本剧的风格化。5个角色均采用黑白色调，在局部点缀有彩色，以体现人物的性格。除了色彩的性格化，在服装的装饰上，也用黑色的轮廓线勾勒出人体线条，并用这些线条来体现导演意图，希望用素描的效果来勾画人物（图3-103、图3-104、图3-105、图3-106、图3-107、图3-108）。

   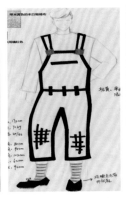 

图3-103 巴沙服装　　图3-104 拉拉服装　　图3-105 瓦洛加服装　　图3-106 维佳服装　　图3-107 老师服装
　　　　效果图　　　　　　　　效果图　　　　　　　　效果图　　　　　　　　效果图　　　　　　　　效果图

　　优柔寡断的巴沙服装款式规矩，翻领T恤搭配休闲西装，用领带的蓝色表现忧郁悲哀的性格。

　　时尚美丽的拉拉服装款式学院派，小披风搭配百褶裙，用上衣拼接的粉色和桃红色的纽扣表现出少女的美好。

　　出生外交官家庭的瓦洛加服装款式洋气，西装三件套搭配圆弧廓形的长裤，用衬衣和纽扣的紫色表现富裕而深沉的性格。

　　维佳用背带裤搭配T恤，在纽扣和袜子的色彩上选择跳跃的橘红色，表现出活泼而单纯的性格。

　　老师的服装款式为职业连衣裙，色彩只有黑白，表现出一种坚持和永恒的理想主义情操。

图3-108　《青春禁忌游戏》演出剧照

（三）舞台服装的非人物化风格

　　在舞台服装的非人物化风格设计，是在对表现对象的属性做分析、综合、比较、归纳的基础上进行的，服装样式、结构、层次更加单纯和简洁，在抽象风格剧目、动漫风格剧目、魔幻风格剧目中常用。

　　舞台服装的非人物化风格实例：

《东方巴黎——白鹿》

演出单位：四川音乐学院

剧情简介：原创实景音乐剧《东方巴黎——白鹿》突破传统模式，将龙门山神奇的动物和植物乐园与人间爱情世界有机相融，充满奇幻浪漫，好看好听好玩，雅俗共赏。音乐剧中植入了白鹿与彭州特有的白茶、塘坝子、飞来峰、溶洞世外桃源、上书院、牡丹花等旅游资源，并着力于白鹿情人谷的打造。

设计构思：剧中众多动物和植物造型，需抓住其实物的特点，和人体结合，考虑哪些局部可以用于设计，比如鹿的角可以做头饰、鸟的毛可以做装饰、树叶可以做背架等。整体服装效果以好看为主，并且具有明显的特点（图3-109、图3-110、图3-111、图3-112、图3-113、图3-114、图3-115）。

图3-109 《东方巴黎——白鹿》白鹿精灵服装效果图

图3-110 《东方巴黎——白鹿》熊猫服装效果图

图3-111 《东方巴黎——白鹿》水精灵服装效果图

图3-112 《东方巴黎——白鹿》白鹿莺服装效果图

图3-113 《东方巴黎——白鹿》花精灵服装效果图

剧中的主要精灵，服装以白色为主，用多层雪纺表现精灵的仙气，局部用乳白色的毛皮装饰，体现动物的特征，鹿的最主要特点表现在头部，用鹿角和鹿耳做头饰。

熊猫憨态可掬的造型已经根深蒂固，主要用填充、黑白色的毛皮体现熊猫的特点，在腰部用竹叶做装饰，避免单调。

以波光粼粼的水为设计灵感，色彩为蓝色的渐变，服装上装饰有水的抽象纹样，且用亮片拼接而成，多层雪纺塑造出轻盈的效果。

以太阳神鸟的造型为灵感，充分运用金色和彩色羽毛的结合，使造型绚烂多彩，塑造欢愉的飞鸟造型。

服装由花和叶子组成的背架以及紧身衣构成，设计元素是各种深浅的绿色树叶的拼接，以及夸张的立体花造型。

图3-114 《东方巴黎——白鹿》联排

图3-115 《东方巴黎——白鹿》演出剧照

第五节 舞台服装设计和应用流程

没有完全相同的两场演出，因此舞台服装设计师对每一出戏都必须进行细致研究、充分讨论，其中包括导演、编剧、舞台设计等部门。

（一）解读剧本

设计的第一步就是研读剧本，需反复地阅读分析，明确剧本的主题思想，分析剧中角色，并进行案头工作，在剧本或笔记上画出或记录有关角色形象的外观描写或心理反映，将剧本中或多或少对角色外形的描述标记出来。阅读剧本之后是分析剧本，分析场次之间的关系，局部与整体之间的关系，在分析的过程中能发现更多对塑造角色形象有用的部分，最终把文学剧本转化成演出形象。舞台服装设计师应通过种种途径去发掘剧本，确信针对剧本提出的所有问题都能一一作答。

（二）设计构思

1. 考据历史

明确剧本的基本需要后，舞台服装设计师还需要利用各种有关参考资料，如书籍、插图、杂志文章等做进一步的深入研究，并注意搜寻符合设计构思且有启发性的资料。如剧情发生在某特定的历史时期，那么就很有必要对那个历史时期的视觉性艺术作品进行研究，这将有助于获得那个历史时期服装的总体感觉和典型风格，可作为研究不同社会典型的参考。但是仅仅利用反映历史时期的服装教科书是很不够的，不同于人类学家或者考古学家，舞台服装设计师对服装史的了解在于对该时代服饰文化及典型轮廓的吸收和借鉴，一件甚至在每一线条、褶皱上都准确再现历史风格的服装，或许会丧失反映角色生活和个性特征，以及其他对剧本和演出有意义的因素。

2. 沟通交流

以导演为主，与演员、舞台各个部门的设计师之间进行交流，使之对剧本的理解达成默契，并且将导演的意图及手段传达给各个部门，从而达到在整体观念上的一致。留心舞美设计、灯光设计、化妆造型的方案，倾听他们的意见，使自己的构思与他们趋向一致。交流中还包括对演员的了解，要对演员的形体条件、气质做分析，留心记录下演员的特殊之处，服装设计师需对每位演员都有核对表和尺寸表，表中显示演员所扮演的角色，包括扮演几个角色，演员将要穿的衣服，演员的身高、体重等。量衣不同于生活装的测量，还需要对关键部位着重了解（表3-2）。

表3-2　尺寸表

演员名	角色名	身高	体重	鞋码	头围	肩宽	胸围	腰围	臀围	袖长	衣长	裤长	备注

3. 确定风格

在导演的提示后，舞台服装设计师需要依据提示和服装设计规律来确立风格样式，风格的内容包括剧目的中心思想和设计师的个性，以及风格样式是否能对剧目和演出效果的鲜明性、独特性起到强化的作用。

4. 利用服装分场图拟定计划

经过深入的研究，在服装风格和色彩上都有富有表现力的形象之后，就需要考虑特殊演出细节了。在这个阶段，绘制一张服装设计总图或分场图十分重要。分场图应反映包括服装的调换，时间、地点的变化，一个演员扮演两个角色以及其他内容。有些服装的改换十分复杂，而又必须迅速改换，所有这些要点都应在图解中反映出来，这样设计者才可以方便地满足每个角色的需要，扫视一眼就能看到全剧的发展过程（表3-3）。

表3-3 话剧《家》人物行动图（简表）

角色	一幕·1	一幕·2	二幕·1	二幕·2	二幕·3	三幕·1	三幕·2	四幕
高老太爷	√1	√1		√2		√3		
冯乐山	√1					√2		
高克安	√1	√1		√2		√3		
高克定	√1	√1		√2		√3		
高克明	√1		√2	√2		√3		
周氏	√1		√2	√2				
王氏	√1		√2	√2		√3		
沈氏	√1			√2		√3		
陈姨太	√1	√1	√2			√3	√3	√3
觉新	√1 2	√2	√3	√3	√3	√4		√4
觉民	√1	√1		√2				√3
觉慧	√1	√1	√2	√2		√3		√3
觉英		√1				√1		
觉群		√1						
觉世		√1						

角色	一幕·1	一幕·2	二幕·1	二幕·2	二幕·3	三幕·1	三幕·2	四幕
瑞珏		√1	√2	√2	√2	√3		√3
淑贞		√1	√2	√2		√3		√3
琴小姐	√1		√2	√2		√3		√3
梅					√1			
鸣凤	√1	√1	√2					
婉儿			√1	√1		√2		
刘四姐		√1		√2				√2
苏福	√1			√1				
袁成	√1			√1		√1		
老更夫			√1					
黄妈		√1					1	
老农人								
仆人若干								√1

（三）绘制服装效果图与结构图

一旦累积了所有必须的资料，并已经讨论了的创作构思，就到了将设计体现在纸面上的时候了。在绘制服装设计草图的表现手法上，可以采用不同的技法，如可以全部用水彩或水粉颜料绘制，也可以仅用铅笔制作草图，还可以用选用的面料在纹样和质料的组合上用拼贴画的手法来表现。

担任制作的服装师是以效果图为制作基础的，因此效果图必须十分准确。效果图对演员来说也很重要，效果图上描写了角色的生动姿态，对演员的表演很有帮助。在效果图上往往很难全部表现出服装的整体效果，因此除服装正面图外，背面和侧面图也一样具有参考价值，甚至效果图上的任何细节都具有提供信息的重要作用。

（四）预算

在服装制作之前，效果图核实之后要做服装费用预算（表3-4）。

表3-4　服饰制作预算（样表）

角色图	幕/场	服装名	数量	单价（元）	总价（元）	材料工艺
	第一幕					
	第二幕					
	第三幕					
	第四幕					

（五）选购材料

目前，市场上提供了各类繁多的面料可供选用，服装设计师必须懂面料，细致地选择面料，保证取得色彩和谐的舞台效果，而且面料会相互影响，如果选择不好一些角色会在台上被其他演员所淹没或者显得格外的突出。在确定面料的同时，应考虑一些演出的特殊需要，比如有猛烈动作或者殴斗的场景，在这种情况下，服装需要经得起必要的磨损和撕扯。当没有选择到适当的现成面料时，设计师应考虑如何解决难题，比如通过印染、绘制、刺绣等方法来体现预期效果，给面料镶嵌装饰也能达到一定的效果，或是将旧服装进行改制，重新裁剪或染色等，也可能达到不寻常的效果，但是这将增添额外的工作和花费。

向灯光师展示服装面料也是必须的过程之一，某种单调的面料，在一定的戏剧性照明下，会显得很有生机；但是也可能会导致相反的结果，面料的色彩会受到光的影响，例如鲜绿色在一些灯光下会显得沉闷，呈现出橄榄绿。

（六）服装制作

舞台服装设计师应具备各种衣服式样的裁剪和缝纫技术，以及面料选用、服装结构等其他知识。服装设计师的设计思想要靠与其合作的裁剪师和缝纫师来实现，他们的特殊技艺和经验往往能产生令人满意的效果，所以常花时间同裁剪师、缝纫师一起商量制作服装的方法是值得的。

在服装制作之前，应为每位演员全面地测量身体尺寸，并绘制一个标准的尺寸单，为每一个演员填写。服装制版可以将旧衣服拆开做模板，也可以用现成的现代纸样加以改动，或者根据相关的尺寸自己制作纸样。在得到满意的纸样后，就可以计算购买面料的数量。如果有时间和经费，用白胚布制作一半以上的服装，以检验设计思想是否能够得以体现，如果不行，在制作过程中要在演员身上试几次正式的服装，以达到更好的效果。

一旦彩排的日程确定了，就一定要调整时间表以保证准时完成服装的制作，应该集中完成基本型，把缝纫装饰边和底边的工作放在最后。

（七）试装与修正

每位演员都应该进行至少两次的试装，而且试穿每件服装的时间至少要花20分钟。试装很重要，不仅仅是把服装拿出来看看效果，还需要做到在线条、形、合身程度、色彩等细节上都符合要求。同时与演员一起讨论关于迅速换装中的细节，并让演员穿上服装多多走动，做各种表演动作等。

第一次试装往往时间拖得比较长，也很混乱，设计师需从中发现服装存在问题并做详细记录，但是不要因外界压力而做多余的改变，更不必因某演员不喜欢一件特殊的服装或一些特殊的细节而轻易改变设计，但处理问题时，应持镇定和积极的态度。

（八）合成彩排与正式演出

首次着装技术合成，为节省时间，导演可能会缩短、省略掉表演内容，集中排练各段落的衔接、配合。对于不存在表演问题的段落，演员也可以不用排练了，但对于全体工作人员来说，这应该是第一次把全剧过一遍，所以必须跟着排练。经过合成、联排、彩排，继续调整

服装上存在的问题，并进一步与演员磨合沟通，保证正式演出的顺利
进行。

（九）管理入库

首先，在每次演出时都应保持服装的清洁，每次演出完都要检查服装是否需要缝补，并将其熨烫平整；其次，在舞台侧台预备好针线和安全别针以便能快速地进行修整；最后，当整个剧目演出结束后进行所有服装的修整工作，标好标签并在储藏时将服装放入塑料袋，以便在将来的演出中使用。

整理出完整的服装设计记录，作为演出后有用的参考资料，其中包括设计图、面料样品和演员穿着服装后的造型照等。

第四章

舞台服装种类

第一节　话剧服装设计

（一）话剧服装设计的概述

话剧是指以人物对话和动作方式为主的戏剧形式，语言和动作以写实模仿为主，展现人物的生存状态。剧中人物模式一般有三种：一是具有细致性格的个性化人物；二是刻画某种社会共性或一般人物的类型化人物；三是对一般人物做提炼的象征性人物。话剧服装设计根据不同的人物模式进行设计，在时代背景和地域特征的基础上，用服装体现角色的性格、身份、情绪等。

（二）话剧服装设计实例

中国剧目：

《北京人》

演出单位：四川音乐学院戏剧系

剧情简介：故事发生在20世纪30年代初的北平。曾家住着三代人，第一代人是夫人已经去世的垂死之人曾皓，第二代人是曾皓的儿子曾文清，他的妻子曾思懿和一直在照顾曾老太爷的年近30岁的愫方，寄居在曾家的曾文清的妹妹曾文彩和她的丈夫江泰，第三代人是曾文清17岁的儿子曾霆和他18岁的妻子曾瑞贞，另外还有住在曾家的人类学教授袁任敢和他的女儿袁圆，以及袁任敢的同事——长相和身材都极像远古时期原始人的"北京人"。故事开始于离开曾家多年的老仆人陈奶妈带着自己的孙子小柱回到北京曾家探望自己的老主子，得到曾家媳妇曾思懿假意的热情相待，正在交谈时讨债人在曾家门外死死讨债，而曾思懿却不肯给钱，叫管家张顺将其赶走，张顺与陈奶妈一起赶走了讨债人，一旁的小柱与曾霆、袁园在一起玩耍。八月节晚上曾家请所有人在家吃饭，曾思懿谈到愫方的出嫁问题，主张愫方嫁给袁任敢，曾皓和曾文清则予以反对。此时讨债人又来到门口讨债，袁任敢和"北京人"用武力赶走了讨债人。之后，瑞贞发现自己有了身孕，却早已厌倦了曾家的生活，希望打胎与袁任敢一家一起离开曾家，同时曾霆并不认可父母包办的婚姻而喜欢上了袁园。江泰责怪曾家人没心没肺，喝醉酒无意将曾皓打伤，曾皓住进医院，回来的当天，邻居杜家向曾家讨债，提出条件要么交钱，要么交出曾家房子，要么交出曾皓年年上漆的棺材，曾思懿提议交出棺材。江泰提出去找自己的公安局局长朋友帮忙，结果在大家的期待中等到交棺材的时刻，江泰也没有出现，在曾皓无助痛苦的呐喊中杜家人抬走了棺材。此

图4-1 《北京人》演出剧照（一）

图4-2 《北京人》演出剧照（二）

第四章　舞台服装种类

时，大少爷曾文清吞下鸦片断气而亡，曾霆写下了和瑞贞的离婚协议，愫方最终决定与瑞贞一起离开曾家，在劝说曾皓休息之后，愫方和瑞贞踏上了离开的汽车（图4-1、图4-2）。

《全家福》

演出单位：四川音乐学院戏剧系

剧情简介：故事讲述了一个北京四合院中"古建队"家族近半个世纪的生活状态和沧桑变化。平民化的小四合院，住着"古建队"队长王满堂和他的二位妻子、三个子女，以及邻居国民党军医周大夫、热心助人的治保主任春秀婶等，演绎了一出跨越中华人民共和国成立初期、改革开放、20世纪90年代的悲欢

图4-3 《全家福》演出剧照

离合，以风趣幽默的京味语言表现了时代变迁中北京百姓的平凡故事（图4-3）。

《钢的琴》

演出单位：四川音乐学院戏剧系

剧情简介：故事讲述了一位钢厂下岗工人为了女儿的音乐梦想而不断艰苦努力，最后通过身边朋友的帮助用钢铁为女儿打造出一架钢琴的故事。本剧通过小人物的幽默与艰辛，展露一段感人至深的亲情和友情，一群男人为尊严而战，真实地再现了生

图4-4 《钢的琴》演出剧照

活的本质，幽默却不恶俗。本剧是一出温情的喜剧，却有着感人落泪的兄弟深情，痛并快乐着，是最无奈的年代里最深情的告白（图4-4）。

《暗恋桃花源》

演出单位：四川音乐学院戏剧系

剧情简介：故事讲述了现代爱情悲剧《暗恋》和古装爱情喜剧《桃花源》两个不相干的剧组，因为都与剧场签订了同一天的彩排合约而发生争执，结果谁都不愿相让，只能间隔着排戏。在现代悲剧里，江滨柳和云之凡在上海战乱时生出爱情，无奈一别，杳无音信了大半生，几十年来不断寻找无果。在古装喜剧中，武陵渔夫老陶被妻子春花戴绿帽，每日受尽她及情人袁老板的欺辱，某日借口外出打鱼实为想自杀之时，却误入桃花仙境，而春花与袁老板结为夫妻后，过的却是比原来更不堪的日子。一悲一喜两场戏同台排练，摩擦和尴尬意外

图4-5 《暗恋桃花源》演出剧照

成就了舞台奇观，其中将两出戏连在一起的，是一个找寻刘子骥的疯女人（图4-5）。

《黄土谣》

演出单位：四川音乐学院戏剧系

剧情简介：故事发生在改革开放后的黄土高原上，这个时候社会大环境随着经济的发展，走出山沟的部分人生活渐渐好了起来，在经济浪潮的冲击下，社会上伴随而来的负面影响使人们对信仰产生怀

图4-6　《黄土谣》演出剧照

疑，甚至濒临泯灭，只追求物质的富裕。而在黄河边上的小山沟里，凤凰岭村那些被忽视的农民党员，还保持着纯洁的党性，保存着心中的质朴。凤凰岭村党支部书记宋老秋在生命弥留之际，把三个儿子叫到身边，他交给儿子们的不是遗产，而是欠下的一笔债。对于债务偿还问题的处理，通过三个儿子对债务处理态度的发展变化，展现了信仰下的人性和亲情（图4-6）。

《有事找村长》

设计构思：本剧为现代剧，剧中人物的穿着以现代服装款式为基础，因为剧本中展示的故事是生活的小细节，为了达到身临其境的感觉，服装设计倾向于

图4-7　村长服装效果图

村长服装造型为土黄色的夹克衫配白衬衣，夹克带翻领、垫肩，使人物比较挺拔，藏青色的裤子、深色的皮鞋，十分具有特色。

图4-8　莫求事服装效果图

图4-9　三辣椒服装效果图

　　莫求事这个角色首先是年轻人，在戏外作为讲故事的角色，以休闲西装为主，相对正式，有主持人的感觉，在戏中是时尚发型师，带一点装饰性的西装也符合这个人物的设定。服装造型以白色或浅灰色的V领内衣，搭配深色或蓝色的牛仔裤，土黄色的休闲绑带皮鞋，西装样式为蓝灰色的格子休闲西装，也可以是条纹、格子或者散点图案。

　　三辣椒的服装造型选择带有女人味和清新感的浅桃红色，牛仔裤和白色运动鞋代表干练的性格。上衣为小西装款式，带同面料花边装饰，白衬衣在领子和门襟处也应该有一些装饰，但是不要过于夸张，牛仔裤选择浅蓝色微喇叭型，白色运动鞋加内增高，可拉长演员的身高比例。

图4-10　杨大爷服装效果图

图4-11　殷大娘服装效果图

　　杨大爷的服装造型上衣为开衫毛衣，选择中灰色或者灰色和棕色相间的图案，图案简洁，黑色或者深灰色长裤搭配剪刀口布鞋。

　　殷大娘的服装造型，上衣用毛背心和格子衬衣，背心选择枣红色、酒红色等，衬衣是棕色或者褐色的格子、条纹等，戴浅灰色或者浅蓝色围裙，黑色长裤为直筒型，不贴身，鞋子为老北京布鞋。

第四章　舞台服装种类

图4-12　四喇叭服装效果图

　　四喇叭的造型首先是用夸张的色彩塑造"喇叭"的效果，与三辣椒肃静的色彩形成对比。上衣用不收腰的A字型裙装，长度需要包臀，色彩用紫色，图案最好是黄色，或者近似黄色的颜色，达到对比的效果。白色短裤配玫红色丝袜，丝袜选择有光泽、带暗花的图案。四喇叭在室外有两个造型，因为考虑到换服装的时间，在出场的时候头发蓬乱，穿拖鞋，进屋换装后，拎包穿高跟靴子，靴子最好是麂皮材质，戴头饰，表示打扮过。拎包的选择配合上衣，选择黄色或者金色系列的漆皮包。

　　写实且性格化。服装不进行重新制作，而是直接购买，设计师在现有款式的基础上进行搭配，使造型符合人物特征，具有舞台效果（图4-7、图4-8、图4-9、图4-10、图4-11、图4-12）。

《最长的一夜》

演出单位：南充市文化艺术演艺（集团）有限责任公司

剧情简介：故事讲述了反法西斯纪念的新闻大潮中，刚由娱乐频道调往新闻频道的赵晓雄和毕业新入职的小田正在加班制作关于抗战英雄题材的纪录片。他们要报道的是常德保卫战最后一夜的一场战斗，国民革命军第74军57师169团团长柴意新和几个战士被日军包围，他们坚持守卫城区到生命的最后一刻。

设计构思：本剧的服装有两个部分，其中赵晓雄、小田是现代的电视台工作者，其余角色均为1943年的军人、学生、老百姓等。在

图4-13 赵晓雄服装效果图

赵晓雄，电视台编导，正在经历离婚与否的苦恼。服装造型休闲而时尚。

图4-14 小田服装效果图

小田，假小子，军事迷，实习编辑。服装造型休闲而时尚，用服装细节表现军事迷的特点，例如皮带样式、腰饰的挂钩样式、军装风格的鸭舌帽等。

图4-15 柴意新服装效果图

在军装面料肌理的处理上，可以用灼烧、染色、做旧等技法处理，烘托战争的激烈和残酷。

图4-16 柴意新军装细节

柴意新，国民革命军第74军第57师少将参谋长兼第169团团长。在军装设计上尊重时代，在款式、简章、袖标等细节上都应该与历史一致。

图4-17 陵华服装效果图

陵华，大学生，热血的爱国青年，对生活、未来充满了美好的憧憬。服装款式为典型的学生装，白色上衣，黑色百褶裙，到小腿中部的白袜子，黑色带袢皮鞋，用红围巾增加正义感。

图4-18 吴立春服装效果图

吴立春，英国留学学医，回国后在常德医院当医生。穿浅灰色条纹西装套装，中分发型，圆框眼镜，比较洋气。

图4-19 《最长的一夜》演出剧照

服装设计上应尊重时代，特别是对于军装的处理，在款式、简章、袖标等细节上都应该与历史保持一致，但是在军装面料肌理的处理上，可以用灼烧、染色、做旧等技法处理，以烘托战争的激烈和残酷（图4-13、图4-14、图4-15、图4-16、图4-17、图4-18、图4-19）。

外国剧目：

《八个女人》

演出单位：四川音乐学院戏剧系

剧情简介：故事发生在20世纪50年代法国乡下一所独立的乡村公寓里。剧中，全家人聚集在一起准备过圣诞节，但是却丝毫没有节日的欢快气氛，因为他们令人敬重的家长马赛尔被人谋害了，凶手只可能是与马赛尔最亲近的8个女人中的一个，其中有令人敬畏的妻子加比，一直未婚的小姨子奥古斯丁，吝啬贪婪的岳母玛米，侮慢无礼的贴身女仆路易斯，忠心耿耿

图4-20 《八个女人》演出剧照

的老仆人香奈儿，两个年轻漂亮的宝贝女儿苏珊和凯瑟琳，马赛尔潇洒的姐姐皮皮尔莱德。随着家庭黑暗秘密的不断爆出，通过背叛下的载歌载舞，揭示出女性精神世界的秘密（图4-20）。

《这里的黎明静悄悄》

演出单位：四川音乐学院戏剧系

剧情简介：1942年初夏，俄罗斯白海运河地区，一个高射机枪女兵班调防来到准尉瓦斯柯夫管理的铁路站所在的村庄。自由自在、活泼多情的姑娘们与严格得近乎苛刻、只知道军事条令和战争法则的男头儿不断发生着矛盾。车站附近的丛林中出现了两个德国伞兵，瓦斯柯夫带领丽达、冉妮娅、丽扎、索妮娅和嘉丽娅5位女兵进入丛林追歼，在沼泽里、匕首下、弹雨中和自己的枪口前，女兵们相继死去。在女兵们临死前的回忆中，展现了丽扎对城市狩猎人的爱慕、对念书的渴望；索妮娅与男友的热恋、对诗歌的热爱；嘉丽娅在孤儿院的孤独、谎报军龄参军以及对妈妈的热切呼唤；冉妮娅周旋在众多追求者中，独独垂青有妻室的团长，丝毫不理会母亲的劝告，爱得义无反顾；丽达与丈夫从一见钟情到携手连理。她们还有没有过完自己的生活，却早早离别了人间。德寇被歼灭了，重要的铁路线保住了，五位年轻的姑娘长眠在温柔、挺拔、静美的白桦林中，黎明依然静悄悄（图4-21）。

图4-21　《这里的黎明静悄悄》演出剧照

《萨勒姆的女巫》

演出单位：四川音乐学院戏剧系

剧情简介：《萨勒姆的女巫》是阿瑟·米勒根据1692年在北美马萨诸塞州萨勒姆镇发生的一桩诬告株连数百人的逐巫案而创作的。在政教合一的严酷统治之下，清教主义在17世纪那个封闭落后的小镇上盛行，他们设置种种清规戒律，严令禁止任何娱乐活动，排斥异教徒。在这样的生存环境中，这些清教徒们变得狭隘、自私、迷信而冷酷。当几位少女在夜色的掩护下相约在树林子里跳舞时，被当地牧师巴里斯发现，他的女儿受到惊吓昏迷不醒，于是，巴里斯牧师请来别的教区的驱巫高手赫尔牧师到萨勒姆调查。为了保护自己，阿碧格首先诬陷女黑奴蒂图芭，接着这群姑娘跟着阿碧格一起装神弄鬼、诬陷他人。人们在刑讯之下互相指责，结果竟然造成了400多人被株连入狱，72人被绞死的可怕局面。男主人公普洛克托为了解救妻子伊丽莎白，冒死揭露了阿碧格的阴谋，并交代自己曾与阿碧格有淫乱之事。但是，这并没有阻止宗教裁判所以上帝的名义进行这场杀戮。最后，普洛克托为了维护自己的人格尊严，毅然走上了绞刑架。《萨勒姆的女巫》借古讽今，对当时的压抑气氛和政治迫害进行了生动、深刻的描述，尽力展示强权统治下的人心危殆、人性沉沦，以及人在与邪恶势力对峙中的失败和毁灭（图4-22）。

图4-22　《萨勒姆的女巫》演出剧照

第二节　音乐剧服装设计

（一）音乐剧服装设计的概述

音乐剧是一种综合的舞台艺术形式，结合了歌唱、对白、表演、舞蹈，通过歌曲、台词、音乐、肢体动作等的紧密结合，把故事情节以及其中所蕴含的情感表现出来。音乐剧擅于以音乐和舞蹈来表达人物情感、故事发展和戏剧冲突，有时语言无法表达的强烈情感，可以利用音乐和舞蹈来表达。在戏剧表达的形式上，音乐剧是属于表现主义的。音乐剧服装设计在塑造人物上与话剧服装类似，也需要使用恰当的服装搭配来体现角色的性格、身份和情绪，所不同的在于音乐剧载歌载舞，服装样式的设计中不能妨碍演员的肢体动作，并且所设计的样式应进一步强化舞蹈、音乐的情绪。

（二）音乐剧服装设计实例

《名扬四海》

演出单位：四川音乐学院戏剧系

剧情简介：讲述发生在美国纽约艺术高中的故事。一群才华横溢、来自不同文化背景与家庭环境的少男少女，从四面八方汇聚到了一起，希望能够通过在艺术高中的学习实现自己的艺术梦想。经过四年的大起大落、欢笑与泪水的洗礼，他们逐渐认识到，想要名扬四海，就必须踏实地一步一脚印，而非幻想中的一夜成名（图4-23）。

图4-23　《名扬四海》演出剧照

《仲夏夜之梦》

演出单位：四川大学艺术学院

剧情简介：讲述了雅典少女赫米娅违抗父命，不愿嫁给狄米特律斯而与
拉山德相爱的故事。公爵判定如果赫米娅不遵父命就将被处
死，于是拉山德和赫米娅不得不逃出雅典。海伦娜向狄米特
律斯透露了这个消息，于是他们俩也追到了森林之中。森林

图4-24 扮演人类的第一种服装造型试装　图4-25 扮演人类的第二种服装造型试装　图4-26 扮演人类的第三种服装造型试装

图4-27 扮演工匠的
服装造型试装　　　　图4-28 扮演精灵的
第一种服装造型试装　　图4-29 扮演精灵的
第二种服装造型试装　　图4-30 扮演精灵的
第三种服装造型试装

图4-31 《仲夏夜之梦》演出剧照

中，仙王与仙后反目，仙王为了报复，让小精灵把相思花汁滴在仙后眼中，让她一睁眼就会爱上她第一眼看到的东西。但小精灵错把花汁滴在了拉山德的眼中，引起了相爱的情人们之间的误会和纷争。最后，仙王把解除魔力的汁液滴在了仙后和错滴了相思花汁的情人们的眼中，仙后和仙王言归于好，情人们也都终成眷属。

设计构思：服装设计首先要符合剧本的特色，突出"梦"这个概念和时代感、地域性；其次要满足快速换装的要求，本剧只有6位演员，每位演员都会扮演几个不同的角色，且全程不下场，换装必须在舞台上结合舞蹈动作完成。所有演员的服装设计借用古希腊服装悬挂和褶皱的样式，人类造型以披纱的不同悬挂来区分角色，以拉夫领的佩戴来表现贵族身份及与工匠和精灵的区分。工匠造型中将披纱取下，通过表演动作设计，演员自行将披纱捆绑在腰间，做工匠造型。精灵造型也是通过表演中做旋转的动态，将裙子翻转成渐变色流苏的样式，并将披纱粘贴回肩上，另一头粘贴在手腕处，来塑造精灵。经过设计，一套服装可以变化人类、工匠和精灵三个造型，并且通过局部的改变，可以塑造六个不同角色的人类和两个不同角色的精灵（图4-24、图4-25、图4-26、图4-27、图4-28、图4-29、图4-30、图4-31）。

《天赐泸州》

演出单位：泸州市电视台、泸州非物质文化遗产保护传习所

剧情简介：从泸州之源、千年商都、壮美泸州、醉美泸州等4个篇章，从远古时期到现代，介绍泸州这座城市的前世今生。

设计构思：服装设计按照历史的推移，对每个时代的服装都做舞蹈化、戏剧化的设计。在色彩、面料的选择上注重美感。《天赐

图4-32 《天赐泸州》中"远古泸州"
演出剧照

图4-33 《天赐泸州》中"苏嘉封侯"
演出剧照（一）

图4-34 《天赐泸州》中"苏嘉封侯"
演出剧照（二）

　　男子用麂皮绒、麻、棉等做裙，并做撕扯效果，色调为褐色、墨绿等。上身用斜肩造型，挂饰品。女子用麂皮绒、麻、棉等做斜肩裙，色调为褐色、墨绿等。

　　苏嘉穿黑色右衽曲裾长袍，红底金纹、红色镶边外袍，以红、黑色为主，金色装饰和镶边，面料为织锦缎。士大夫穿右衽长袍，银灰色为主色调，黑色镶边，面料为织锦缎。

　　汉朝女子穿曲裾裙，以白色、枚红色为主，印花装饰。

图4-35 《天赐泸州》中"千年商都"
演出剧照

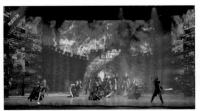

图4-36 《天赐泸州》中"铁打泸州"
演出剧照

图4-37 《天赐泸州》中"美酒东方"
演出剧照

　　古街古韵片段，包括众多人物，其中，老百姓、杂耍艺人穿着为裹巾、圆领或交领的襦衫、长裤或短褐，色彩以灰色调为主，如绿灰色、红灰色、蓝灰色等。搬运工的色彩以褐色为主。文人穿右衽交领襦衫搭配半臂，或穿直裰，色彩以白色和浅蓝色为主。

　　以南宋时期铠甲造型为基本形，做一定的简化，使之便于舞蹈，色彩以明黄、橙红、褐色为主。

　　酿酒工的服装款式为马甲加中裤，色彩为褐色，面料上做褶皱肌理，加强劳动的质感。

图4-38 《天赐泸州》中"奢香夫人"
演出剧照

图4-39 《天赐泸州》中"醉美之城"
演出剧照

图4-40 《天赐泸州》中"激情岁月"
演出剧照

　　奢香夫人的服装以彝族服装样式为基础，穿镶边、绣花的大襟右衽上衣，下穿多褶长裙，以红色为主，黄、绿、橙、粉等对比强烈的颜色搭配。

　　部分演员表现劳动的姑娘，部分演员表现流动的麦苗，在虚实的服装样式之间创造意境。

　　战士穿红军服，面料上做旧、撕扯、血污等处理，烘托气氛。

图4-41 《天赐泸州》中"托举未来"演出剧照

图4-42 《天赐泸州》中"锦绣年华"演出剧照

城市建筑者，后区为比较写实的建筑工人形象，在服装上用白色点状图案表现石灰洒落在身上的劳动效果；前区的五位杂技演员，要表演高难度的动作，服装紧身有弹性，上衣为五彩色，裤子为灰色，在背带和擦汗巾的设计，增加建筑工人的符号。

以旗袍款式为基础，色彩以白色和蓝色为主。真丝面料上印抽象纹样，外面罩白色雪纺纱，纱上手绘梅兰竹菊，表现优雅大气的风格。

泸州》剧照拍摄均来自"舞影佳创"（图4-32、图4-33、图4-34、图4-35、图4-36、图4-37、图4-38、图4-39、图4-40、图4-41、图4-42）。

《听树》

演出单位： 安岳川剧团

设计构思： 设计以现代服装为基础，结合音乐剧的特色，在色彩上概念化，面料的选择上具有舞台效果。其中，父亲"春雨"的服装造型塑造了一个正直的形象，白衬衣配笔挺的深灰色西裤，在白衬衣的设计上，肩部和口袋加入了军装的样式，以增加正能量，卷起的袖子，代表劳动的状态，人物只采用白色和灰色两种色彩，显得干净而正直。母亲"青柠"的服装造型选择衬衣的款式搭配细褶长裙，色彩的创意来自柠檬花的紫红到白色的渐变，上衣为浅紫红条纹棉布衬衣，裙子是紫色到白色的渐变，裙子装饰柠檬花绣片。女儿"小檬"的服装以学生校服款式为基础，大翻领衬衣、荷叶边短款小上衣，方格纹样百褶裙，搭配羊角辫和红色袢扣皮鞋，塑造出小学生天真活泼的形象，色彩以柠檬黄为主，面料以棉布为主。柠檬树的造型设计既是服装设计，也结合舞美成为舞台的一个重要道具，柠檬树

图4-43 《听树》服装设计效果图　　　　　图4-44 《听树》柠檬树叶片制作

图4-45 《听树》青柠服装打样　　图4-46 《听树》小檬服装打样　　图4-47 《听树》柠檬树服装打样

的造型由背架和服装构成，背架以柠檬树的层层叠叠为设计灵感，用多层的纱绷做出树叶剪影的造型，并通过色彩渐变来展示立体感。柠檬树的服装是树木枝干的体现，通过抽象的方式将藤蔓缠绕的效果以网纱和棉布体现了出来（图4-43、图4-44、图4-45、图4-46、图4-47）。

《丝路长》

演出单位：四川音乐学院戏剧系

设计构思：本剧以卓文君与司马相如的爱情为主线，在充分考虑角色身份、性格、年龄和社会背景等因素的前提下，服装造型以西汉时期服装款式为基础，结合音乐剧服装造型轻盈、装饰性强等特点，塑造一种气势恢宏、富有灵动感和古典韵味的角色形象；在细节处理上，借用四川元素和民族、民俗纹样，采用绣、染、绘等手法，进一步体现古蜀国纺织、印染技术的精妙绝伦，其中纹饰丰富的夸张力和浪漫的想象力、色彩配置的艺术效果和地方特色成为角色内心世界的缩影，也是西汉时期文化的内涵。

卓文君的服装采用深衣形制，以曲裾为主，突出领口三重衣，衣襟续衽钩边，下摆呈喇叭形的西汉女子之美。面料采用棉麻和丝织品为主，配以轻盈透亮的纱。色彩采用调和色和对比色等大色块的组合，以明衬暗、以暗衬明，显得既调和又醒目。第一幕的服装色彩以藕粉色、鹅黄色、天青色、白色等色彩为主，大调和小对比，图案选择抽象鸟纹和菱形花纹，表现自由美丽的女性形象；第三幕的色彩以青色、绛紫、白色、金色等对比色为主，图案选择变体云纹和花叶纹，表现成熟稳重的女性形象，色彩明度的降低也预示着悲剧的结局。卓文君的发型采用西汉女子典型的挽髻，从头顶中央分清头路，挽成各种样式，第一幕的发型选择侧在一边的三环髻，表现青春活泼的性格；第三幕选择在头顶的同心髻，表现爱情的美好寓意，发饰以步摇和簪为主，既能增加美感，也显得简洁大方，符合现代审美。妆面以漂亮妆为主，采用柳叶眉和樱桃小口来突出汉代女子的妆面特色（图4-48、图4-49）。

司马相如的服装

图4-48 卓文君第一幕服装效果图

图4-49 卓文君第三幕服装效果图

图4-50 司马相如第一幕服装效果图

图4-51 司马相如第三幕服装效果图

采用曲裾袍服形制，注重突出西汉袍服的宽衣大袖、大襟斜领、领口和袖口露出中单内衣、下摆打密褶等特点。第一幕直接穿曲裾袍服，款式相对简洁，以白色和浅蓝色组成的淡雅色调，在众贵宾华丽的造型中比较突出；第三幕在袍服外加罩外衣，在腰部挂玉佩，作为礼服，色彩采用青色、金色、白色、米色等对比色，以增加厚重感和年龄感。面料采用棉麻和丝织品为主，做官后面料配以锦缎，更显高贵。服装装饰在衣领、衣袖、衣襟等部位，第一幕肩部采用汉字铭文适合纹样，均为秦汉时期流行的吉祥文字；第三幕图案采用复合菱形纹，花纹呈四方连续排列，使服装内容更加丰富。司马相如的发饰，第一幕用巾，身份地位不高，也是文人儒士的代表；第三幕用冠，身份地位提高，也是文官的表现，面部粘贴山羊胡，表现年龄感。妆面注重刻画面部轮廓，用剑眉表现出英俊的气质（图4-50、图4-51）。

卓王孙的服装采用直裾袍服形制，仍然突出西汉袍服的宽衣大袖、大襟斜领、领口和袖口露出中单内衣等特点。第一幕卓王孙宴请宾客，穿直裾袍服，加拖尾外罩，以青

图4-52 卓王孙第一幕服装效果图

图4-53 茂陵女服装效果图

色、褐色、浅金色组成华丽的色调，彰显首富的身份。面料采用绸缎和丝织品为主，在衣领、衣袖、衣襟、蔽膝等部位加以装饰，更显高贵。卓王孙的发饰采用束发梳冠，彰显身份地位高贵，面部粘贴络腮胡，表现年龄感。妆面注重刻画面部轮廓和年龄感（图4-52）。

茂陵女的服装采用深衣形制，以曲裾为主，突出领口三重衣，且领口敞开，露出部分内衣，刻画歌姬身份，增加妖艳的角色特点，与卓文君的端庄形成对比。面料以丝织品为主，配以轻盈透亮的纱。第三幕的色彩以薄荷绿、绛紫、藕粉色等对比色为主，图案选择变体花叶纹，以表现女性的妖媚形象。茂陵女的发型采用西汉乐舞造型中常用的三环髻和披发，发饰以簪花为主，可增加其美感。妆面以漂亮妆为主，采用柳叶眉和樱桃小口突出汉代女子的妆面特色（图4-53）。

其他角色根据身份、地位，均采用西汉时期的服装样

图4-54 《丝路长》排练剧照（一）

图4-55 《丝路长》排练剧照（二）

式，以同类色和对比色的大色块进行组合，不同的纹样、面料、工艺手法，构成不同的人物性格。

合唱、群舞、群众场面仍然采用西汉时期的服装样式，并在款式上适当简化，主要以色块来配合舞美场景，起到烘托气氛的作用（图4-54、图4-55）。

《恋·五凤传奇》

演出单位：四川音乐学院

图4-56　金凤服装造型

图4-57　青凤服装造型

图4-58　玉凤服装造型

金凤是五凤中的大姐，服装设计以凤凰为设计灵感，色彩为红色到橘色到金色的渐变，结合刺绣和流苏来表现其端庄贵气的形象。

青凤是五凤中的二姐，服装设计以水元素为设计灵感，色彩采用同类色，以孔雀蓝为主，配以淡黄色、白色、浅蓝色等，并结合刺绣和流苏来表现其优雅秀丽的形象。

玉凤是五凤中的三姐，服装设计以花元素为设计灵感，服装在袖口和裙摆都进行了花瓣设计，并采用红色到白色的侵染表现花瓣的透明质感，刺绣花朵纹样在胸和散膝处表现，塑造其美丽青春的形象。

图4-59　白凤服装造型

图4-60　小凤服装造型

白凤是五凤中的四姐，白凤代表着五凤镇的历史底蕴，服装款式相对保守，色彩以白色为主，用大量的写意花朵刺绣做装饰，表现其温文尔雅的形象。

小凤是五凤中的五妹，小凤代表着五凤镇的市井文化，服装款式便于活动，色彩以对比色为主，表现其活泼可爱的形象。

剧情简介：作品共分六章，主要讲述金凤、青凤、小凤、白凤和玉凤五位仙女迷恋人间风情，化作五座山峰，守护着五凤古镇的故事。在宏大的场景中，五凤美丽动人的故事娓娓道来，沱江河畔的民情风俗徐徐展开。

设计构思：本剧人物造型以中国古代传统造型为基础，结合现代审美，打造唯美、时尚的视觉效果。剧中五位仙女的造型充分吸取中国古典服饰的精华，将高腰掩乳长裙、大袖衫、胡服、帔帛、云肩、流苏等古装款式灵活运用，面料上采用大量的刺绣、印花、浸染、贴片等技术，以金色的凤元素、孔雀蓝的水元素、红色的花元素、白色的凤元素、橘色的民俗风格来塑造五位仙女，造型绚丽夺目且风格协调。舞蹈是本剧中又

图4-61　《恋·五凤传奇》演出剧照（一）

图4-62　《恋·五凤传奇》演出剧照（二）

一大亮点，其中有以写实为主的古典风格宫女造型、纤夫造型、百姓造型等，也有写意化的芦苇舞造型和百鸟朝凤舞造型，另外还有将古典服装结合现代元素的插秧舞，通过表现女人的柔情、男人的力量、现代青年的活力来满足观众的视觉审美（图4-56、图4-57、图4-58、图4-59、图4-60、图4-61、图4-62）。

《杏林传说》

演出单位：昆明石林杏林大观园

设计构思：本剧是真实人物和虚幻角色的交织，作为旅游景区的实景音乐剧，首要的目标是好看，在服装设计上借用撒尼族服装的特色，并结合时尚和动漫的元素进行创作。

　　药灵是树木的精灵，也是天地灵气的汇聚，服装设计以中国古装元素为基础，加入动漫的效果，特别在肩饰和头饰的设计上十分夸张。色彩以绿色系列为主，辅助以黄色、粉色、白色等，小对比大调和，面料由织锦缎和雪纺以及一些特殊材料制成，印染的图案是撒尼族古老的图腾（图4-63、图4-64、图4-65、图4-66、图

图4-63 药灵服装效果图

图4-64 药灵样衣

图4-65 药灵肩饰和护腕

图4-66 药灵头饰

图4-67 药灵试装

4-67）。

毕摩是专门替人礼赞、祈祷、祭祀的祭师，以毕摩服装原型为基础，夸张边饰和色彩，外面披斗篷，面料肌理突出，佩戴头饰和各种饰品，扩张人体轮廓和体量感（图4-68）。

图4-68 毕摩试装

图4-69 那古木斯铠甲

图4-70 那古木斯配饰和护腕

那古木斯服装以撒尼族服装和图腾为基础，参考撒尼族的铠甲造型，在身上局部添加铠甲，符合规定场景，可增加人物的英勇感（图4-69、图4-70）。

石林开拓者的服装装饰性强，便于舞蹈，具有象征意义。色彩以红、黑为主，有力度。上身赤裸，添加撒尼族图腾纹样作纹身，佩戴环形火焰状背架，增加人物的体量感，下身为裙，采用夏布制作，佩戴头饰和各种饰品（图4-71、图4-72、图4-73）。

图4-71 石林开拓者样衣

图4-72 石林开拓者背架

图4-73 石林开拓者试装

图4-74 撒尼女族人试装　　图4-75 撒尼男族人试装

撒尼族人以撒尼族的服装为基础，结合舞蹈动态进行夸张，比如在装饰、阔腿裤和配饰上。色彩上，女装以玫红色配黑色为主，男装以绿色、蓝色配黑色、白色为主，在舞台上产生对比（图4-74、图4-75）。

邪疫服装用棉麻面料做破碎状，带白色面具。

难民的服装以撒尼族的服装为基础，色彩灰暗，在面料肌理的处理上用破碎、染色、灼烧等手法做旧（图4-76、图4-77、图4-78）。

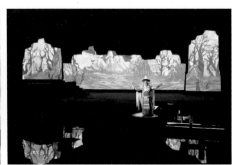

图4-76 邪疫和难民试装　　图4-77 《杏林传奇》演出剧照（一）　　图4-78 《杏林传奇》演出剧照（二）

第三节　歌剧服装设计

（一）歌剧服装设计的概述

歌剧是西方舞台表演艺术，歌剧在16世纪末出现在意大利的佛罗伦萨，源自古希腊戏剧的剧场音乐。其主要或完全以歌唱和音乐来交代及表达剧情，含有戏剧和音乐的双重成分，适合表现情节单纯而背景广阔的具有传奇色彩的故事，着重抒发感情，戏剧结构比话剧简练、明快，通常有宏大的群众场面来产生和声效果。歌剧的演出和戏剧一样，都要凭借剧场的典型元素，如背景、服装以及表演等。

歌剧服装设计一方面要遵循话剧类服装的基本规律，一方面要安排好大场面中的服装，注重主要角色与场面中群众角色的相互呼应，且突出主角，要求比话剧服装更富有装饰性，更有华丽感。

（二）歌剧服装设计实例

歌剧《薛涛》演唱会版本

演出单位：四川音乐学院

设计构思：服装需符合演唱会的特点，女演员以礼服的样式为基础，根

图4-79 《薛涛》演出照

据演员的身材和所唱歌曲曲调和歌词内容选择色彩。为了体现中式风格，在面料和图案的设计上，上衣均采用刺绣贴花，使服装统一且有变化。男演员统一使用中式立领套装，黑色，与女装统一风格，并起到调和色彩的作用（图4-79）。

图4-80 《追梦人》演出剧照

女主角张欣在仲夏夜的巴黎，参加慈善晚会后回家，和追求者白朗德聊中西方艺术。张欣的服装款式采用多层连衣裙，色彩为紫色渐变，渲染浪漫的气氛，图案选择蒲公英，寓意漂浮在外的游子。而白朗德是典型的衬衣、西装背心、西裤的绅士装扮。

戏歌剧《追梦人》

演出单位：四川省南充歌舞剧院

剧情简介：本剧以两位川剧艺术人才陈

海与张欣的学习、生活经历为主线，展示当代川剧人对事业、对传统文化的追求和梦想，以及为了川剧艺术，在他们之间所产生的矛盾和情感体验。剧中人物以艺术学院教师、学生、川剧艺术从业者为主，用川剧经典剧目精华片段作为"戏中戏"的点缀，在阳光、时尚、诙谐的总体风格下，营造出鲜明的学院特色与艺术氛围。

设计构思：故事发生在当下，反映的是川剧人的学习和生活经历细节。服装设计以生活服装为基础，进行性格化的设计，结合歌剧服装的特点，在款式、色彩搭配、面料选择上做了一定的夸张，特别是女装、戏曲人物、舞蹈演员的服装设计，使服装样式更加具有装饰性（图4-80、图4-81、图4-82、图4-83）。

图4-81　《追梦人》张欣定装照
（一）

女主角张欣回国后的服装，服装款式为粉色连衣裙，将围巾和腰带结合修饰连衣裙，使服装样式在松紧对比中展现女性的魅力；色彩选择桃红色渐变，配以桃花的印花，展示出回国后的张欣内心的喜悦。

图4-82　《追梦人》张欣定装照（二）

女主角张欣参加同学会，表示自己要资助川剧，发扬川剧的决心，服装款式为收腰蓬裙的形式，更加大气；色彩选择鹅黄色的侵染，图案是凤凰和藤蔓，且用印花和刺绣勾边来表现，整体造型寓意着川剧的辉煌。

图4-83　《追梦人》演出剧照

第四节 舞剧和舞蹈服装设计

（一）舞蹈服装设计的概述

舞剧是舞蹈、戏剧、音乐相结合的表演形式，采用舞蹈动作来展示某些象征性形象，服装起辅助和衬托作用，要求优雅、简洁、飘逸。舞蹈是一种表演艺术，用身体来完成各种优雅或高难度的动作，一般有音乐伴奏，以有节奏的动作为主要表现手段，在舞剧中尤为重要。舞剧与舞蹈服装设计具有形象强烈、概括、象征、装饰性强、富有动感等特点。色彩要富有装饰性，面料的选用要有一定的光泽，以明亮、轻盈为佳。

（二）舞蹈服装设计实例

《放飞信心》

舞蹈主题：作为第十五届上海电视节开幕式舞蹈，作品以和平鸽为主题，展望未来，导演要求在舞蹈结束部分，演员能组成和平鸽的图形，并且能发光，所以，服装设计的关键在于"翅膀"造型，不仅要有美感，还要能并联LED灯带，并将控制灯光的开关藏在服装合适的位置（图4-84、图4-85、图4-86、图4-87）。

图4-84 《放飞信心》服装效果图　图4-85 《放飞信心》样衣试装　图4-86 《放飞信心》样衣开灯效果　图4-87 《放飞信心》演出照

第四章　舞台服装种类

《护士舞》

舞蹈主题：以舞蹈的形式来歌颂护士职业的伟大，整个过程活泼欢快，在愉悦的气氛中表达工作的辛苦，带给观众感动。服装造型符合护士的身份，在色彩和面料上用渐变和轻柔的效果强化了舞蹈的特点（图4-88）。

《剪纸姑娘》

图4-88 《护士舞》
服装效果图

舞蹈主题：表现民俗文化，表现活泼可爱的剪纸姑娘。服装采用剪纸的经典配色和纹样，并按照编导的想法，在舞蹈中可以快速变换样式。经过设计，在肩部制作机关，通过演员的旋转，将上衣下裤的形式，变成连衣裙，同时服装色彩也从白底红花变成红底白花，增强了视觉的冲击力（图4-89、图4-90）。

图4-89 《剪纸姑娘》
变装前服装效果图

图4-90 《剪纸姑娘》
变装后服装效果图

《最牛一家》

图4-91 《最牛一家》
舞蹈男演员试装

舞蹈主题：上海电视台2009年华人群星新春大联欢，姓名和牛有关的演员，牛群、阿牛、牛萌萌等组成最牛一家，伴舞造型不仅要有过年欢乐的气氛，还要有牛的设计元素。服装通过红白配色，以及大印花布的拼接，在演员头部做牛角造型，来表现春节的气氛。（图4-91、图4-92、图4-93）

图4-92 《最牛一家》
舞蹈女演员试装

《慧之眼》

舞蹈主题：作品以藏传佛教"智慧眼"的精神作为贯穿整个舞蹈的主题思想，以爵士舞作为载体，同时运用现代舞的编舞手法并融入藏族民族民间的舞蹈元素。以群舞形式进行呈现，用藏族人民淳朴的视野展现用"心眼"感受世界的文化信仰，从而引申

图4-93 《最牛一家》演出照

图4-94 《慧之眼》服装效果图

服装造型运用现代时尚元素并融入藏族民族民间元素，如色彩搭配、图案的选择、辅料的运用等，在服装款式上采用上紧下松，便于大幅度的舞蹈动作形式。图案的选择上，将藏传佛教"智慧眼"作为重点，在前胸和后背都有所表现。

图4-95 《慧之眼》服装样衣正面

图4-96 《慧之眼》服装样衣背面

图4-97 《慧之眼》演出照

第四章 舞台服装种类

出眼睛象征光明和智慧。光明和智慧是每个人一生追求的
归宿，更是我们对于真善美的追求（图4-94、图4-95、图
4-96、图4-97）。

《鸡拜年》

图4-98 《鸡拜年》
服装效果图

舞蹈主题：充分体现春节的
气氛，以拟人化的十二生肖
中的鸡为设计灵感，色彩艳
丽，突出可爱而欢快的形象
（图4-98、图4-99）。

图4-99 《鸡拜年》演出照

《留守儿童舞蹈》

舞蹈主题：作品用舞蹈表现了留守儿童期待父母
回家，在厨房忙着为即将回家的父母
准备饭菜这一纯真的主题。服装造型在虚实之间，借用淳朴的
方格翻领衬衣、羊角辫、打补丁的裤子等细节来刻画天真可爱
的儿童形象，将围裙做写意处理，用渐变的纱拼接在衬衣腰
部，以增加舞蹈的动态效果（图4-100、图4-101）。

图4-100 《留守儿童舞蹈》演出照

图4-101 《留守儿童舞蹈》
服装效果图

《锅碗瓢盆交响曲》

舞蹈主题：舞蹈用拟人化的表现手段，讲述一只小辣椒跑进了厨房里，一下惊动了厨房中的锅碗瓢盆的故事（图4-102、图4-103）。

图4-102　勺子的服装效果图

按照编导的要求和音乐的风格，服装样式首先要带有中式风格，在此基础上加入勺子的元素。设计图中，将勺子放在胸到腰的显眼位置，并用勺子的弧形和花瓣裙边相结合，就不会显得突兀，勺子的制作为弹力棉填充，也十分具有卡通感和童趣。

图4-103　水桶的服装效果图

按照编导的要求和音乐的风格，服装样式首先要带有中式风格，在此基础上加入水桶的元素。设计图中，将水桶造型设计在裤腰处，增大腰围，增加服装的趣味性，裤子为背带裤款式，一方面是适合于儿童的款式，一方面也起到使裤子挂在演员身上的作用。

第五节　戏曲服装设计

（一）戏曲服装的概述

中国的民族戏剧称为戏曲，可追溯到远古的俳优表演及先秦歌舞。通过800多年的发展，从宋元南戏、元明杂剧、明清传奇以及近代各种地方戏，直至今天的现代戏曲，形成了完整的艺术形态，戏曲服装也逐渐从生活化向艺术化发展。

戏曲服装，旧时称为"行头"，包括戏衣、盔头、戏鞋。传统的戏曲服装泛指传统戏曲剧目演出中的服装，特指传统戏曲艺术形式中完整而稳定，并具有经典意义的服装。旧时戏曲演员搭班唱戏都是自带行头，不少演员平时省吃俭用，就是为了攒钱置办几副体面而又昂贵的行头。而在戏班里，班主除了按艺人的技艺高低支付包银外，还要按个人所带的行头贵贱来分配红利。

中国传统戏曲服装有一套程式化的规定，这个规定是历代戏曲艺人根据戏曲艺术的表演特点和人们的欣赏习惯，同时借鉴各个时期的历史服饰而逐步定型的。旧时戏曲班社，凡是演出剧目用物都用特制的箱子放置，称为"戏箱"，包括大衣箱、二衣箱、三衣箱、盔箱、旗把箱，

另有"梳头桌"放置化妆品,统称"五箱一桌"。大衣箱放置文服类服装,如蟒、官衣等;二衣箱放置武服类服装,如靠、开氅等;三衣箱放置辅助物品,如彩裤、水衣、戏鞋等。"箱倌"管理戏具并在演出时为演员装扮戏曲角色,这类技师从小拜师学艺,通过师傅的口传心授,具有丰富的实践经验。

按照这种相对稳定的穿戴规定去进行规范化的操作,戏曲服装具有自己独特的穿戴规则。首先是"宁穿破,不穿错",穿戴的对与错,并不根据剧本所反映的历史真实性与细节,而是根据戏曲服装特有的、严格的穿戴规则来定。其次是"三原则":一是"三不分"原则,包括不分朝代、不分地域、不分季节;二是"六有别"原则,指装扮人物外部形象时,遵循写意原则,大体只做六种区分,包括老幼有别、男女有别、贵贱有别、贫富有别、文武有别、番汉有别;三是"定中变"原则,就是指通过不同的服饰组合方式,在类型化的基础上追求人物外部形象的个性化,做到写意和简约。

(二)传统戏曲服装的艺术特征

1. 传统戏曲服装的可舞性

戏曲表演要求服装可以让演员充分借助,以帮助演员表情达意,演员在塑造角色时,喜怒哀乐表现在他们的面部、语言、唱腔和形体动作上,同时也表现在服装上,此时的服装犹如一张放大了的脸,这就是服装可舞性的含义。

在戏曲演员的手中,服装大部分是可以用来表演的工具,在表演的基本功中,与服装有关的有水袖功、翎子功、帽翅功、靠旗功等,不仅是这些服装部件,服装整体也是如此,如蟒袍可以撩、靠可以飞、褶可以踢等。由于这种可舞性的需要,传统戏曲服装的设计包括多种服装设计形式美的特征,第一是延伸,如在戏曲表演中规范出数百种舞法的水袖,它是衣袖的延伸,是戏曲歌舞化表演中夸张、传神的主要表演语汇之一;第二是宽松,如蟒袍、帔、靠、褶和长衣几乎都是宽松的款式,同时有高开衩,宽松式利于演员的撩、踢、抓等表演动作,外化内心的激动情绪；第三是悬垂，如飘带、鸾带、流苏、狐尾等不是纯粹的装饰物，而是通过夸张、变形的手法处理，有利于演员借助其进行表演；第四是颤动，盔头上的饰物用细小弹簧支撑，极易颤动，如翎子、珠子、绒球、纱帽翅等，用颤动来外化演员的心理情绪。

2. 传统戏曲服装的装饰性

传统戏曲服装的装饰性既包括服装的款式和装扮，也包含服装的色彩和纹样，传统戏曲服装的装饰性可以归纳为以下三个方面：

第一，从传统戏曲服装的款式上看，装饰性塑造了极具神韵的角色形象。例如戏衣的宽袍阔袖，体现了中华民族气质中的端庄、大方等神韵，其中，蟒袍的庄重威严、靠的壮丽威武、帔的潇洒明快、褶的大方朴实，用于不同阶层的正面人物时，都能展示出一种超出自然形态的精神美。

第二，从传统戏曲服装的外造型和内造型上看，装饰性塑造了统一美和和谐美。传统戏曲服装强调纹样装饰，色彩艳丽，对比强烈。例如蟒袍以龙纹为主，以蟒水、八吉祥和云纹为辅，纹样精致而繁密，是权力和身份的象征；文小生的花褶，在下身的一角饰以枝子花，与花托领为上下、左右的均衡，是平民的标志，也是品格的外化。

第三，根据戏曲角色的善恶，服装的装饰上也有倾向性，在装饰纹样和色彩上寄寓褒义，如苏三的罪衣是鲜艳和洁净的，连刑具也是银的，且有纹饰，表现一种对善良人物的同情；在装饰纹样和色彩上寄寓贬义，如高衙内敞穿绣红、绣粉花朵的绿褶子，是一种轻浮和艳丽的堆砌，以表现其卑劣的品格。

3. 传统戏曲服装的程式性

程式性表现在戏曲服装上就是穿戴规则，按照表演行当所规定的人物类型来使用相对应的服装种类。戏衣中的蟒袍、帔、靠、褶是身份与场合结合的礼服、常服、戎服、便服，这四种类型的服装，在表现历史题材的剧目中，覆盖了封建社会上中下不同的社会层面：蟒袍是帝王将相等高贵身份人物用于隆重场合的礼服；帔是帝王及后妃、官宦及其眷属用于闲居场合的常服；靠是军人用于战斗场合的戎服；褶是中下层社

会人物用于普通场合的便服。在装扮时，有时也因为对个性化的追求，而进行不同的服饰组合及其变化。

传统戏曲服装是对生活自然服装形态的一种艺术的概括，经过不断的形式美强化，最终形成一套有高度艺术价值的穿戴规则，对于设计者，只有正确掌握这一程式性，才能进行以程式性思维为先导的设计创造。

（三）传统戏曲服装的构成要素

传统戏曲服装的构成要素包括款式、色彩、纹样、刺绣、面料。

1. 传统戏曲服装的款式

传统戏曲服装的款式来源于历代的生活服饰，以明朝和清朝的服装样式为主，经过长期的艺术加工，逐步脱离了生活的自然形态，形成了现代的戏衣款式。戏衣外部造型简洁而内部造型复杂，款式多为宽袍阔袖的全封闭式造型，"H"型的外轮廓不显腰身，采用平面裁剪，手工工艺，显得庄重而华丽。戏衣款式与戏曲表演艺术高度协调，辅助表演动作的完美发挥。

传统戏曲服装的款式是中国古代服饰文化影响的必然结果，它体现了人体装饰美和精神意蕴之美。

（1）蟒袍。

蟒袍源于明清时期的"蟒衣"。明代的"蟒衣"原本是皇帝对有功之臣的赐福，至清代被列为吉服，凡文武百官皆衬在补褂内穿用，衣服上的蟒纹与龙纹相似，只是少一爪，四爪的龙称为蟒。戏曲服装中，蟒袍是帝王将相等身份高贵的人物所通用的服装，穿着者身份显耀，举止端庄，表演动作缓慢文雅，在一举一动中产生流畅舒展的硬朗衣纹（图4-104）。

蟒袍衣长及足，约1.5米，款式为圆领阔体，大襟肥袖，袖端装有水袖，胯下两侧开衩，裉下缀摆，装扮人物时，蟒袍需与玉带组合。女

图4-104　红团龙蟒　作者：胡雅娴

红团龙蟒为红色底子的蟒袍，团龙纹样严谨规整，装饰性强，呈对称布局，以流云、吉祥图案作陪衬。红团龙蟒应用范围广泛，象征气魄和正义，多为身份高贵，性格文静的角色穿戴。如《玉堂春》中的王金龙，角色行当为官生。

图4-105 大凤女蟒 作者：胡雅娴

女蟒长仅过膝，用于中、青年的后妃、公主、郡主、诰命夫人，以绣飞凤、立凤、团凤、团龙为主，下摆绣有海水江崖，以示江山社稷，并以牡丹、鹤鸟、八宝、流云等为陪衬。分黄色女蟒，如《贵妃醉酒》中的杨贵妃，角色行当为旦；红色女蟒，如《穆桂英挂帅》中的穆桂英，角色行当为旦。

蟒与男蟒的款式基本相同，区别在于女蟒的衣长较短，仅在膝下，使用时需内系长裙，另一个区别是裉下无摆，装扮人物时，可与云肩和玉带结合。

蟒袍制作材料为高端缎料，袍服上用金银丝线绣有云龙、云凤图案，并衬有太阳、山头、八宝、草龙、博古、流云等纹样，下摆绣有海水江崖，代表江山社稷，体现穿着者的高贵地位（图4-105）。

蟒袍主要使用"上五色"和"下五色"这十种纯色，继承了中国民族艺术的装饰色彩传统，用色大胆，色彩倾向鲜明，注重强烈对比。对于具体人物，造成一人一色的效果，用色具有特定的寓意。

蟒袍的装饰性极强，继承了中国历代服饰追求的意境美，它摆脱了自然生活状态，具有可舞性，服装的任意摆动以表示人物情绪，借用夸张的水袖，传达人物感情，典型地体现了戏曲服装的艺术特点。

（2）靠。

靠源于清代将官的戎服。这种戎服以锦缎为面，绸料为里，在前后心及肩部等处缀有金属饰片，总体看并无实战护身的作用，而是一种礼仪服装，比起以往的铠甲来说具有更大的装饰性。戏曲服装中，靠是武将通用的戎服，靠的形制极度夸张变形，上衣下裳相连，衣身分两片，虽有铠甲纹样，却不紧贴身体，服装静时体现了角色的威武气概，动则便于展现夸张的舞蹈动作。

靠为圆领，围靠领，紧袖口，靠身分为前后两片，长及足，前片中部略宽，称为"靠肚"，双腿外侧各有一块遮护腿部的"靠腿"。女靠和男靠款式大致相同，区别在于女靠的靠肚较小，腰下为彩色的飘带，使用时围云肩，系衬裙。靠在使用上的造型方法，在中外服装史上极为罕见，体现在背部扎系附加物"背壶"，内插四面三角形"靠旗"，造型呈向外放射状，形成服装向外延伸、扩展的感觉，更进一步衬托出武将形象的高大英武。

靠的制作材料为大缎，采用甲纹平金绣来表现金属的灿烂。主要纹样为鱼鳞形或者丁字形，装饰花纹为草龙、江牙连续图案。靠肚上的纹样十分重要，一般武生或武老生用双龙戏珠纹或者独龙纹，武花脸角色用大虎头，表现性格粗犷。

靠主要使用"上五色"和"下五色"这十种纯色，用色规范和蟒袍大致相同（图4-106）。

（3）帔。

帔源于明代贵族妇女的大袖褙子，褙子发展到明末，其袖式逐渐由窄袖演变为大袖，领式也由长大领缩为半长大领。帔是帝王、中级官吏、豪宦乡绅及其眷属家居场合所通用的常服，文雅清秀，既符合人物闲居场合的需要，又不失华贵（图4-107、图4-108）。

帔为对襟，半长大领，阔袖且带水袖，左右胯下开衩。比起蟒袍来，它突破了全封闭式的款式，以对襟造成自由开合的宽松感，以向下的两条飘带给人以流畅修长的美感。女帔与男帔的款式基本相同，区别在于男帔长及足，女帔仅过膝，且使用时需内系长裙。其中男团花帔和女团花帔可以用于成对夫妇，在色彩和纹样上完全一致，也被称为"对儿帔"。"对儿帔"鲜明地显示出戏曲服装特有的艺术语汇，且具有舞台画面的整齐美。

帔的制作材料为大缎或绉缎，绉缎较为轻柔。在纹样的选择上，皇帝用团龙，皇后和贵妃用团凤，太后用团龙凤，除此之外，根据角色年

图4-106　软靠　作者：陈书颖

靠在使用时插靠旗，表示人物全副武装，处于临战状态，称为"硬靠"；穿靠而不扎靠旗称为"软靠"，用于非战斗场合。靠的结构很复杂，全身共有绣片三十多块，其中有三块可以移作它用，则具有不同的象征意义。如《长坂坡》中的赵云，穿白靠，角色行当为长靠武生。

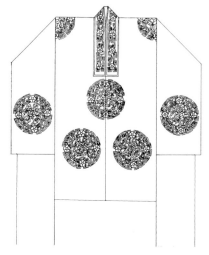

图4-107　红团花帔　作者：胡雅娴

男女帔皆绣十团花，登科状元、新婚典礼和喜庆团圆的夫妇用红色团花帔。如《望江亭》中的白士中，角色行当为官生。

图4-108 凤凰女帔 作者：胡雅娴

扮演皇后、贵妃、公主等的专用服装，常采用明黄、杏黄，属于皇家的专用色彩，呈现出富丽堂皇的感觉。如《二进宫》中的李艳妃，其角色行当为旦。

龄身份，选用团花、团寿、枝子花等纹样。

在色彩上，皇室成员穿着的帔用黄色，登科状元、新婚典礼和喜庆团圆的夫妇用红色，老年人用秋香色，其余角色没有严格的界定。

（4）褶。

男褶源于明代的斜领大袖衫，女褶源于明代的小立领对襟窄袖袄。褶是戏曲中被广泛使用的便服，通用于平民百姓，也用于文武官吏及其眷属。褶是造型简洁的多功能服装，既是单独外用的便服，也可以是蟒袍和帔等的衬袍，为角色造型的多样化提供了有利因素。

褶的款式结构简单，主要特色在于装饰面积很大，艺术纹样醒目，可以为多种不同类型角色服装进行独特的纹样布局。例如，扮演书生秀才的文小生，采用"角花"布局，与托领花纹构成对角呼应；扮演将领或绿林英雄的武生，采用适合纹样中的圆形团花做全身对称布局等。

褶的制作材料为大缎或绉缎，大缎较硬，常用于绣活较重的花脸行当角色，在色彩上，也没有严格的规定。

（5）衣。

除了上述的蟒袍、靠、帔、褶之外，其余所有的戏曲服装统称为衣。按照服装本身形制上的基本特征来划分，衣又可以分为长衣、短衣、专用衣、配衣、辅助物这五个部分。

①长衣。

长衣包括官衣、蓝衫、宫衣、开氅、铠、箭衣、太监衣、龙套衣等。

官衣是中下级文官通用的服装，款式接近于蟒袍，圆领、大襟、宽袍阔袖、袖口缀水袖、两侧开衩、裉下缀摆，分男女两种样式。男式的衣长及足，女式的衣长过膝。官衣不绣纹样，只在前胸和后背上缀方形补子，作为官衣的标志。特殊之处在于衣用不同的服色来表示大概的官阶等级，色彩按照官阶高低以紫、红、蓝、青为序。紫官衣表示身份地位最高，如《群英会》中东吴的大夫鲁肃；红官衣的用途最广，除了表示官阶，也用于新科状元的身份服装，如《玉堂春》中明朝潘司潘必正；蓝官衣用于知县等低级的官员；青官衣用于驿丞、门官等职位最低的官员；另外还有丑生官衣、女官衣、改良官衣、学士衣等。

蓝衫是有功名但是没有做官的文士的服装。款式为圆领、大襟、宽袍阔袖、袖口缀水袖，造型上与学士衣相近，只是没有纹样。

宫衣即宫装，是比女蟒低一等的常礼服，属于皇妃、公主用于燕居场合的服装，如《贵妃醉酒》中的杨贵妃。后来被泛用于某些郡主、仙姑及贵族小姐，以示身份高贵，如《彩楼配》中的王宝钏。宫衣的造型为上衣下裳相连，衣长及足，圆领对襟、腰身略窄，阔袖、袖口缀水袖。宫衣的内造型十分复杂，上衣服色为大红色，绣凤凰牡丹，袖口为五色镶沿，具有典型的清代满族妇女服装的特征；腰部缀革带，腰际以下缀如意片；下裳由两层构成，表层为三层重叠的五色飘带，共计六十四条，上绣凤纹和牡丹纹，正中饰以三层重叠的蔽膝，里层为衬裙。角色装扮时需和云肩搭配使用。

开氅是高级武将用于闲居场合的军便服。款式为斜襟、斜大领、宽衣阔袖、袖口缀水袖、衣长及足、两侧开衩，纹样为狮、虎、象、豹、麒麟等，在内造型上最大的特点就是周身有波浪型镶沿。开氅具有款式庄重、锦绣镶沿、兽纹威武这三大特色，因为这种军便服气场很大，常用于丞相，如《将相和》中的廉颇（图4-109）。

铠，也称大铠，是金殿或帅府随驾禁军的服装，款式与靠大致相似，铠不如靠威武，因为铠肚部分不绣龙只绣虎头，且无靠牌和靠旗。铠的裳甲中间开衩利于行走，有红、绿、黄、白、黑、紫等色。

箭衣用途很广泛，属于轻便的戎服，可用

图4-109 狮开氅 作者：朱家逸

狮开氅多为绿色，大缎料，衣边及袖口镶4寸左右的波浪式宽边，全身满绣装饰纹样。如《将相和》中的廉颇，角色行当为净行。

图4-110 团花箭衣 作者：朱家逸

团花箭衣，周身绣8个团花，并绣二方连续图案做缘饰，用于有武艺的一般武将、绿林豪杰或少年英雄。如《穆桂英挂帅》中的杨文广。

于王侯武将，也可用于绿林英雄及衙役牢卒。箭衣源于清代的四开衩蟒袍，其款式为圆领、大襟、窄袖，袖口为马蹄形，衣长及足，除左右开衩外，前后身也有高开衩，有便于骑射的特点，在舞台上利于武打、舞蹈等动作。箭衣按照花色、质料的不同，可分为彩绣龙箭衣、平金龙箭衣、团花箭衣、花箭衣、素箭衣、布箭衣等（图4-110）。

太监衣，又称铁莲衣，款式为斜大领、大襟、宽腰阔袖、缀水袖、衣长及足、两边开衩，周身镶波浪式的宽黑边，腰间镶黑色宽绣带，下缀一排络子穗，周身缝缀有8个龙团，这8个龙团专用黑或蓝色缎料做平金绣，绣成后将龙团缀于衣上，呈点花对称布局。颜色分为黄、红两种，黄色的太监衣用于皇宫太监，红色的太监衣用于王府太监。

龙套衣，为了烘托气氛，四人一堂，整齐划一，专用于群体角色以渲染军威或官威。款式为对襟开身、小立领、宽腰窄袖、袖口缀水袖、左右开衩，后身自腰正中部位向下开衩，前身自第三个纽袢起向下沿下摆做镶沿。主要纹样是小团龙，以流云和小蟒水为辅助纹样。颜色的选用需视主角的服色而定。

②短衣。

短衣包括抱衣、侉衣、女打衣裤、女袄、罪衣、马褂、茶衣、刽子手衣、上下手衣、兵衣等。

抱衣，又称打衣、英雄衣，用于侠客、义士、绿林英雄等角色。款式为斜襟、窄袖、紧袖口，下摆缀打折的异色绸两层，名为走水。内造型上最大的特点是大领内侧、袖口及下摆均绣有如意纹，使服装具有很强的装饰性。抱裤与抱衣的花色完全相同，构成套装，形成了角色造型的整体美。在角色装扮时，需腰系鸾带，身扎绊胸。抱衣分花、素两种，花抱衣由白、粉、湖、蓝等鲜明悦目之色构成，周身彩绣四方连续小团花纹，如《三岔口》中的任堂惠；素抱衣为古铜色、秋香色，仅有如意纹饰，无小团花纹，多用于老年义士，如《打渔杀家》中的萧恩（图4-111）。

　　侉衣，又称快衣，是短打武生、武丑所饰的绿林英雄、义士侠客的戏服。款式为圆领、大襟、窄袖，衣长及胯，两侧小开衩。侉衣也分花、素两种，花侉衣周身绣散点式飞禽纹样，一般用燕、蝶等图案来象征人物身躯矫健，具有飞檐走壁的轻功，且飞蝶头部特缀有白丝穗，增添动感，多用于由武丑所饰的性格诙谐幽默的绿林英雄，如《三岔口》中的刘利华；素侉衣无纹样，专用黑色，内造型上最大的特点是前胸正中以及左右腋下各缀有一排白色袢扣，共计3排，又称英雄结，具有黑白的色彩对比美，多用于某一类特定的江湖英雄，如《打虎》中的武松，也通用于家丁（图4-112）。

　　女打衣裤，又称战袄、战裙，是武旦饰演的巾帼英雄、江湖女侠的短戏服。款式为小立领、对襟开身、窄袖，衣长及胯，两侧小开衩，内造型上的特点是白托领以下沿门襟至下摆，绣如意缘饰。女打衣裤为衣、裤、裙的三件套，服色和纹样一致，服色多为红、月色，周身彩绣散点式花卉纹样。装扮角色时，系绣花绸腰巾，有的要扎绊胸，勾勒出角色的苗条

图4-111　素抱衣　作者：陈书颖

　　素抱衣为古铜色、秋香色，仅有如意纹饰，无小团花纹，多用于老年义士，如《打渔杀家》中的萧恩。

身段，增加妩媚的感觉，如《雏凤凌空》中的杨排风。

　　女袄是由花旦、彩旦饰演的下层社会女性角色的便服。袄的造型源于清代妇女服饰，款式为小立领、大襟、窄袖，衣长及胯，两侧开小衩，稍有收身，下摆呈向下的弧线型。袄裙的造型为大折裙。袄裙的组合上身窄袄、下身款裙，轻便而大方，可塑造天真活泼的少女快节奏的表演动

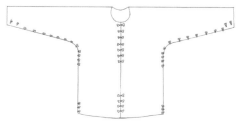

图4-112　素侉衣　作者：张静雯

　　素侉衣一般用黑缎制成，在前胸及腋下缀有三排密排的白袢扣，这三排白袢扣纯属美化服装的作用，它以三条白色的垂直线对大面积的黑色进行分割，衬托出黑色的俏美和潇洒。多用于短打武生行当中的江湖英雄，如《打虎》中的武松。

作，如《梵王宫》中的叶含嫣。袄与袄裤的组合规格较低，一般用于民间少女，具有简洁之美，也更加适用于身段形体的表演，如《战宛城》中的邹氏。女袄中比较特别的是彩婆袄，常用于彩旦扮演的角色。彩婆袄保留了清代妇女典型的服装特色，宽衣肥袖、镶大沿、沿饰特别复杂、肥裤、系裤腿，服装整体呈倒三角形，给人一种滑稽可笑的感觉，用于彩婆这种喜剧角色十分合适，如《宋士杰》中的万氏。

罪衣，又称罪服，是犯人处于特定情境中的服装，分男、女罪衣，款式包括罪衣、罪裤、罪裙三件套，男罪衣款式为立领、大襟、窄袖，衣长及胯，两侧小开衩，装扮角色时，系白罪裙、鸾带，裤腿外套白袜；女罪衣款式为立领、对襟、窄袖，衣长及胯，两侧小开衩，边缘有月色小镶边，装扮角色时，系白罪裙、白腰巾，如《起解》中的苏三。罪衣的色彩为红色，由于中国长期处于封建社会，对罪犯死亡形成了一种迷信的观念，忌讳这类凶险之事，为了冲淡这种不吉祥的气氛，而有意让罪犯临刑前穿上红色的衣服（图4-113）。

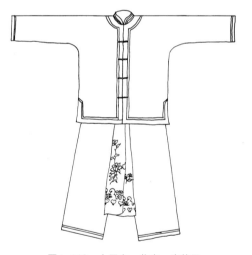

图4-113 女罪衣 作者：张静雯

女罪衣款式为立领、对襟、窄袖、衣长及胯、两侧小开衩、边缘有月色小镶边，装扮角色时，系白罪裙、白腰巾，如《起解》中的苏三。

马褂属于军用行服，可用于军旅途中的王侯武将，也可用于侍卫、校尉、旗牌、家将等群众角色。马褂源于清代服饰，形制分对襟、大襟、琵琶襟三种，款式为圆领、对襟开身、袖长及腕、袖口稍阔、衣长及胯、两侧开小衩，马褂与箭衣构成固定服饰组合形式，装扮角色时，需颈围靠领，腰间系鸾带。按照花色区分，分为龙马褂、团花马褂和黄马褂三个品种。龙马褂为黑色，绣团龙、海水，用于行路时的王侯、武将，如《回荆州》中的刘备；团花马褂也为黑色，花色略简，只绣团花，使用规格较低，常用于旗牌、校尉、家将等角色，如《铡美案》中的家将；黄马褂用于戏曲服装，失去了历史上有功者被皇帝赐裳黄马褂的含义，使用规格大大降低，仅用于高级官员的武装随从，如《铡美案》中的开封府随从。

茶衣是下层劳动人民的便服，常用于樵夫、渔夫、艄翁等，因服装颜色为茶褐色而得名。款式为对襟、如意头饰大领、窄袖，装扮角色时，外系水裙，如《秋江》中的老艄翁。斜襟茶衣也称为大袖儿，阔袖缀水袖，衣长及胯，与水裙组合，用于茶楼酒肆之堂倌或某些青少年，如《钓金龟》中的张义。

剑子手衣用于行刑人，包括衣、裤、侉子三件套。款式为小立领、对襟开身、窄袖、衣长及胯、两侧小开衩，腰系长侉子，衣和侉子镶黑边做缘饰，服色为红色，如《铡美案》中的剑子手。

兵衣是取代旧时上下手衣的士兵服装，基本采用了侉衣的款式，大襟、圆领、紧袖，前胸后背绣团花，周边绣花做缘饰，但是不用英雄结。

③专用衣。

专用衣是指专用于某种特定身份的人物，且应用面有限的服装，包括八卦衣、鹤氅、法衣、僧袍、罗汉衣、八仙衣、哪吒衣、象形衣、钟馗衣、鬼卒衣、仙女衣、古装、清装、鱼鳞甲、安儿衣等。

八卦衣专用于足智多谋且有道术的军师。款式与开氅相似，斜襟开身、阔袖、缀水袖、衣长及足、两侧开衩，内造型上袖口和下摆镶异色、波浪型宽边，腰部略往里收，缀有腰梁，下垂两条宝剑头飘带。主要纹样为太极与八卦，属于道教符号，其布局十分严谨，庄重飘逸。服色一般为青色或天青色、宝蓝色，如《失街亭》中的诸葛亮。

鹤氅的用途与八卦衣相似，也是专用于知晓天文地理的军师等角色，如《赤壁之战》中的诸葛亮。在早期演出的传统神话剧中，常用于神仙等角色，如《盗草》中的南极仙翁。鹤氅的款式与八卦衣相似，只是所绣纹样不同，周身彩绣八个团鹤，具有飘逸和潇洒的美感。

法衣专用于军师或道士在社坛作法时的服装，也可以表示某种仙翁的身份。款式十分奇特，源于生活中道家作法时的法服，款式为对襟开身、直领、无袖、衣长及足，展开时近似方形，服装前后片上部连属，下部分离。内造型上周边绣火焰八卦纹镶缘，衣身绣云鹤或金塔纹样。服色有天青色、黑色、蓝色、灰色、紫色等。使用时内衬八卦衣或素褶子，如《借东风》中的诸葛亮。

僧袍专用于佛教徒，款式为斜襟开身、宽腰阔袖、胯下两侧开衩，独特之处在于僧袍无水袖，袖口极为肥大，具有庄重沉稳之感。其中黄僧袍专用于佛门中地位很高的方丈或高僧，隆重场合还需和袈裟相配，如《西厢记》中的长老。灰僧袍，也叫小僧袍，专用于小和尚，衣长仅过膝，袖口比黄僧袍小，也不带水袖，服装款式基本接近生活，如《金山寺》中的小和尚。对襟僧袍专用于莽和尚，款式为对襟、宽腰阔袖、衣长及胯，服色为墨绿。装扮角色时，敞胸露肚，腰间系两层黄绸，并系丝绦，颈挂大佛珠串，如《野猪林》中的鲁智深。

罗汉衣专用于传统神话剧中的西天罗汉，因罗汉形体各异，罗汉衣的长短肥瘦也有不同，形成同中有异的造型。款式为斜襟、衣长及膝、肥袖、不用水袖、紧束袖口，以便于武打动作。服色为灰色，佩戴一大串佛珠，腰系丝绦，如《十八罗汉斗悟空》中的罗汉。

八仙衣专用于神话剧中的八仙，八仙来自于人间世俗社会，八仙衣仍保持着世俗的社会风貌，只是将不同角色的个性表现为得道升仙前的不同身份的特点，如吕洞宾为道人形象、曹国舅为文官形象、韩湘子为书生形象等。纹样以暗八仙纹为主，与流云图案搭配。

哪吒衣专用于神话剧中的哪吒，传说哪吒降生时紧裹于一朵莲花之中，因此莲花的造型成了这一神话人物的装饰物。哪吒衣的主体是莲花甲，包括莲花瓣样式的云肩和莲花瓣样式的小侉子，莲花瓣用粉红色丝线绣成，再圈金线，极为艳丽。内衬是一套银灰色的侉衣，圆领、大襟、窄袖、衣长及胯，衣裤统一绣八宝纹样。

象形衣是模拟各种动物形态的象形服装，包括鲤鱼衣、虾衣、蟹衣、蚌衣等水族衣，以及鹤童衣、鹿童衣等。款式为袄裤加写意式的象形饰物，并绣有与动物的鳞、皮毛有关的装饰纹样，如《碧海神珠》中的龟衣。其中猴衣是专用于神话剧中神猴形象的象形衣，服色为黄色，绣猴毛和猴旋，专用于孙悟空的猴衣形似花抱衣，圆领、大襟、窄袖、衣长及胯，周边有黑色的镶饰，下摆缀走水；另有用于猴兵的小猴衣，则无镶饰和走水，如《闹天宫》中的孙悟空和猴兵。而专用于《闹天宫》"偷桃盗丹"一折里孙悟空的服装，名为制度衣，款式与团花箭衣相似、圆领、大襟、窄袖、衣长及足，周边有黑色的镶饰，主要纹样为团龙，镶黑边，边上绣猴毛，象征角色具有猴的属性（图4-114）。

钟馗衣专用于神话剧中的钟馗，是以红官衣为主体，以戏服部件辅衬的套装。钟馗衣内用龙箭衣，系靠牌，外用红官衣，颈围靠领，腰系花脸用的鸾带，官衣造型十分别致，左带水袖，右无水袖而系住袖口，并在袖口上直立一个尖状物，象征右手的第六指。文武因素相互融合，象征了角色的文武双全。装扮时，在衣内加衬垫肩和垫臀等辅助物，使人体变形，结合服装体现了角色文韬武略但相貌丑陋的综合特征，所运用的象征性的艺术手法，是戏曲服装絮乱美的一个典型。

鬼卒衣是专用于神话剧中小鬼的象形服装，主要由云肩、侉子和侉衣组成，款式为圆领、大襟、窄袖，绣毛状纹样和蝙蝠纹，如《钟馗嫁妹》中的鬼卒。

仙女衣专用于神话剧中的仙女，服装由袄子、飘带云肩和飘带裙三部分组成，其主体是飘带裙，共缀有三层飘带，末端为宝剑头，并缀有排穗，飘带裙五色相间，花纹艳丽，衬托出角色飘飘欲仙的感觉，如《天女散花》中的天女。

古装，又称云台衣，20世纪20年代，梅兰芳创排古装戏时创新了一系列的新款式戏衣，在当时被称为古装，特点在于衣在内，裙在外，以带束腰，修长合体。后来在梅派古装的影响下，经过规范化的处理进入衣箱制的通用性服装，通用于传统剧目中的仙女，以及红娘等角色。古装为古装袄、裙、云肩、侉子、软带的五件套，服色有水绿、淡黄、淡蓝、白等多种颜色（图4-115）。

清装专指清代的补服、吉服、旗袍，专用于古代少数民族上层社会，如国舅、太后、公主等。补服专用于清代统治阶级官僚，款式为圆领、对襟、左右开衩、肥袖，胸前和背后缀有方形的补子。装扮时，使用领衣、衬箭衣，颈挂朝

图4-114　制度衣　作者：陈书颖

专用于《闹天宫》"偷桃盗丹"一折里孙悟空的服装名为制度衣，款式与团花箭衣相似，圆领、大襟、窄袖、衣长及足，周边有黑色的镶饰，主要纹样为团龙，镶黑边，边上绣猴毛，象征角色具有猴的属性。

图4-115　古装　作者：胡雅娴

古装造型衣在内，裙在外，以带束腰，修长合体，在一定程度上突出了女性的曲线美，古装通用于传统剧目中的仙女，以及红娘等角色。

珠。色彩源于清代的补服，为天青色，如《四郎探母》中的辽邦国舅。吉服源于清代后妃的吉服，款式为圆领、对襟、衣长及膝、两侧有开衩，服色为石青色，纹样为六条或八条团龙。旗袍源于清代后妃的常服，专用于少数民族上层贵妇，款式为立领、大襟、宽腰阔袖、缀马蹄形袖盖、衣长及足、两侧有开衩，服色有蓝、皎月、白等，纹样为凤穿牡丹纹、百花纹、百蝶纹等，花纹突出醒目，如《四郎探母》中的铁镜公主。

鱼鳞甲，又称虞姬甲，专用于楚霸王和虞姬在营帐的一场戏，是随军嫔妃在特定场合的服装，包括肩甲和裳甲两部分，罩在古装外面使用。鱼鳞甲用蓝缎料制成，绣鱼鳞纹，肩甲的造型为方钩形，裳甲为鱼尾形，边缘均镶嵌一圈银泡，缀红丝穗。

安儿衣专用于男幼童。服装衣长及膝、白色斜襟、袖口镶黑边、无水袖、两侧小开衩，如《桑园寄子》中的幼童。另有对襟、如意头的直大领安儿衣，用于女幼童。

④配衣。

配衣是指居于次要地位、没有独立使用意义、起搭配作用的辅衣，包括坎肩、斗篷、蓑衣、袈裟、裙、彩裤、饭单、云肩、小侉子、领衣等。

坎肩，在明朝称"比甲"，均为长款，专用于士庶妇女及奴婢；在清朝称"马甲"，有了长短的区分，一般男用短马甲，女则长短皆用。作为戏曲服装，其使用范围十分广泛，凡长坎肩称为"大坎肩"，短坎肩称为"小坎肩"，对不同角色的身份有重要的标示作用。其中，绣龙大坎肩专用于反面的帝王人物，如《赵氏孤儿》中的晋灵公；绣花大坎肩为女用，使用时与马面百褶裙搭配，外系腰巾，一般用于平民女子，如《玉堂春》中的苏三；另外还有用于老女佣的老旦大坎肩、用于年轻尼姑的水田纹大坎肩、用于老尼姑的道姑坎肩、用于带发修行的僧坎肩、用于报子和更夫等的卒坎肩、用于人丫鬟的人襟小坎肩、用于异邦公祖的琵琶襟小坎肩等。

斗篷的款式衣长及足、下摆阔大、领口曲折，外型呈下大上小形，似一口倒扣的大钟，故又名"一口钟"。斗篷用于特定角色行路的场景，表示御寒，便于表演动作的完美发挥。具体包括专用于帝王或者身

份地位很高的将相的龙斗篷，如《尉迟恭》中的李世民；专用于关羽的花斗篷；专用于搭配女黄帔、古装或鱼鳞甲的凤斗篷，如《回荆州》中的孙尚香；专用于搭配穿官衣或穿蟒袍官员的素斗篷等等。

蓑衣原为农家雨服，作为戏曲服装后加以美化，用丝线编结成自由穗，层层覆盖，具有飘动自如的特点，增加角色的美感，服色为褐色或者绿色，如《望江亭》中的谭记儿。

袈裟是斜披在僧袍外面的一种特殊服装，又称"偏衫"，专用于佛门僧人。款式为长方形，大红缎料制成，以金线绣成砖型图案，共九十九块砖纹，象征宝城坚固，如《沙桥饯别》中的唐僧。

裙，主要为打开形式，使用时，围裹下身一圈有余，多为内用，即作为女式的蟒袍、帔、褶等的内衬，也有外用筒裙、水裙、古装裙等，裙的规格高低按照打褶多少、有无马面来区分。常用的裙有以下几种：马面百褶裙，白色，采用春绸料制作，分前后两个裙片，统一缀在裙腰上，前后各有一块绣花的平整面料，称为马面，其余部分一律打褶，并有规律地缝钉成鱼鳞形状，有绣纹的马面百褶裙规格最高，用于正旦所饰的后妃、公主及贵族小姐等，无绣纹且仅有蓝色镶缘的马面百褶裙，用于正旦所饰的贫家少妇，如《秦香莲》中的秦香莲；素色百褶裙，白色，无马面和纹饰，主要为外用，且男女均用，通过不同的装扮来表现各不相同的生活环境，如男外用表示生病，女外用表示生病或家境贫寒等；大折裙是一种打大折的裙式，老旦作衬裙穿，墨绿色，不绣花，青衣和花旦与女袄搭配使用，裙色与袄色一致，常绣栀子花纹样，如《虹霓关》中的东方氏；筒裙，又称"二裙"，外用裙，系在百褶裙外，在下摆处绣有二方连续图案，如《红娘》中的红娘；水裙用于堂倌、渔夫、艄翁、樵夫及市井平民等，属于外用裙，由两层春绸料制作，裙色为白色，打大折。

彩裤源于清朝的乞裆裤，裤管阔、裆肥，用时需系带，此款式便于演员双腿活动。彩裤由绸料制成，多为黑、红、白、粉、湖、古铜、皎月等色，一般无纹饰。

饭单源于南方劳动妇女烧火做饭时常用的生活用品，戏曲中作为象征劳动妇女的装饰物。颜色为黑色，上端尖圆，顶点有纽袢，左右为正弦曲线形，两侧为八字形直线，底摆为向下弧线。饭单分为大、小两种，大饭单长及膝，专用于穿女青褶子的妇女，如《汾河湾》中的柳迎春；小饭单长及胯，专用于穿袄裤的民间少女，如《拾玉镯》中的孙玉娇。

云肩是盖肩的装饰物，多为立领、对襟，外形如云钩，周边缀丝穗，云肩上彩绣凤纹、花卉纹，常与女式蟒袍、靠、官衣相配。

小侉子是围胯的装饰物，分男女两式。男式小侉子有前后左右四片，外形如锯齿形，纹饰随衣，如有绣猴毛的猴侉子，有绣水纹的水族侉子，有绣火纹的鬼侉子等。女式小侉子只有后左右三片，外形呈秀美的抛物线，常与古装相配。

领衣源于清朝服饰，在戏曲中是象征少数民族的装饰物。领衣是围颈的装饰物，形如牛舌、折领、对襟，可以内用衬于旗蟒、旗袍、补服等，只露出折领；也可以外用罩于素箭衣之外，专用于辽兵。

⑤辅助物。辅助物包括内用品、腰饰品、装扮用品等。

内用品包括水衣，由白布制成、斜襟，是演员贴身穿用的内衣，起吸汗、保护戏衣的作用；护领，由白布制成，长二尺、宽三尺，交颈使用，起保护戏衣和衬托面部的作用；胖袄，由白布制成，无袖、斜襟、夹层、内加棉絮，通过内衬改变演员形体，形成宽肩效果，使得演员形体威武壮观。

腰饰品包括玉带，为圆形的硬质带，用于和蟒袍、官衣、宫衣等相配，使用时，围挂在腰际与戏衣分离，但并不能实际束腰，具有可舞性和审美功能；鸾带，由丝线或棉线编制而成，长一丈八尺，宽三至四寸，两端各有一尺长的排须状丝穗，常用于与箭衣、抱衣、侉衣等相配；软带由绸缎制成，有纹饰，与改良靠、学士衣、古装、兵衣等相配；腰巾由绸料制成，有白、红、粉、蓝、湖、皎月等颜色，长八尺，两端绣花卉纹，与女打衣裤、袄裙、坎肩等相配；四喜带由缎料制成，颜色为黑色，绣花卉，下摆处缀丝穗，与女袄、裤相配。

装扮用品包括丝绦，由丝线编织而成的股绳，两端绾系八宝结，结下有一尺余长的绦子穗，有蓝、紫、黑等颜色，常与褶子、蓝衫等相

配；绦绳是扎祥胸用的，常与抱衣、侉衣等相配。

（6）盔头。

盔头是参照中国历代人物的服饰，并根据戏曲的艺术特点经过加工而成，是戏曲服装中的首服，是戏曲人物所戴的各种冠帽的统称。

盔头是由冠帽与大小附件组成的，在制作上盔头分软、硬两种，制作软制盔头采用缎料刺绣，纹饰华美；制作硬制盔头时多以纸板、铁纱做成硬胎，外部用各种装饰性物件组合，并用立体的方法勾出纹样，具有半浮雕立体感，贴翠羽、勾金粉，华丽美观。

盔头在使用中多在后部开有三角口，缀黑色帽绳，可以根据演员的头型差异而扩展收缩。佩戴时，先在演员头部勒上黑水纱，以增加摩擦力，并尽可能亮出额头，显得天庭饱满。由于水纱的美饰作用，使帽口呈现优美的上弧线，称为"月亮门"。盔头戴好后，再由盔箱技师勒帽绳，绾系固定。

盔头的主体与各种大小附件，分做合用，有多种组装法，形成同中有异的无穷变化，在角色的塑造上也起到了重要的作用。例如，附件中的翎子、狐尾、驸马套翅、金花、茨菰叶、铲刀头等可以起到标示人物特定身份的作用；附件中的丝穗、后兜、飘带等可以衬托人物气质；附件中的珠子、绒球、纱帽翅、翎子等可以表达人物的心理情绪。

盔头分为冠、盔、帽、巾四种。冠属于礼帽，帝王、贵族戴冠，显得豪华富丽，包括用于神话剧中玉皇、阎君的平天冠；用于皇帝在后宫燕居的九龙冠；用于后妃及公主的凤冠；用于高僧，源于佛教四大天王的五佛冠；形如莲花瓣造型，用于神仙道人一类角色的道冠；以及仿照古代小冠式样美化而成的如意冠等。

盔属于军帽，武职人员带盔，显得英武气派，包括用于受贬斥的诸侯王或擅自称王者使用的草王盔；用于统兵元帅的帅盔；用于身居尊位的老年勋臣的踏镫盔；用于正规战斗场合中的特定大将的扎巾盔；一般武将通用的荷叶盔；表示神将符号的八角盔；用于特定江湖英雄的贼盔等等。另外还有一些专用盔，如专用于周仓的周仓盔；专用于《闹天宫》偷桃盗丹一折中孙悟空的钻天盔等。

帽属于礼帽、便帽，佩戴者的成分比较杂，上至皇帝百官，下至兵丁百姓，包括封建帝王专用的皇帽；用于忠心保国的开国元勋的侯帽；专用于丞相的相纱和相貂；专用于特定王侯武将行路场合的鞑帽；专用于短打武生、江湖英雄、衙门都头等的罗帽；专用于渔夫、艄翁、樵夫的草圈帽等等。其中纱帽很有特色，它仿照明代文武官员的乌纱帽经过装饰美化而成，通用于任何朝代的一般中下级文官。纱帽为前后两翅，帽形微圆，全黑色。纱帽的重要组成部分是翅子，分长方形、菱形、桃形、圆形四种样式，具有与角色身份、性格、品格、行当相关联的寓意和象征意义。长方形翅以形的平直表示忠臣，专用于老生、小生所饰的清官，如《海瑞罢官》中的海瑞；菱形翅多用于由净行所饰的奸臣和贪官，如《谢瑶环》中的武三思；桃形翅有诙谐之意，如《醉写》中的李白；圆形翅表示官阶低或是含有圆滑的含义。另外，帽翅上的图案也十分讲究，如太阳海浪图案，象征光明正大、为民行道；金钱图案，象征奸诈贪财等。角色佩戴纱帽时，使用帽翅的上下、前后移动，以及停左翅动右翅或是停右翅动左翅，并配合人物的舞蹈动作和面部表情，可以表达出人物的喜悦、兴奋或者是絮乱不安的心理活动，在戏曲中称为"翅子功"。

　　巾属于便帽、软帽，包括用于帝王睡眠或卧病时期的皇巾；专用于丞相燕居场合的相巾；专用于武将闲居场合的将巾；专用于员外、乡绅、隐退官员的员外巾；专用于富家公子、秀才、书生的小生巾等等。

　　（7）戏鞋。

　　戏鞋是以生活为依据，经过夸张和美化而成的，分为靴、履两类。

　　靴类指的是高帮或长帮的鞋，由棉布或缎制成，包括青厚底靴，筒高一尺一寸左右，由黑缎或黑绒制成，底厚1.5寸至3寸不等，用草纸或高丽纸层层粘糊，并经过粗线缝纳后压制而成，底层为耐磨防滑皮革，周边刷涂白粉，与靴筒形成黑白对比，帝王将相、文武百官、文武小生、花脸等都常用青厚底靴；花厚底靴指有纹饰、用于特定人物的厚底靴，分绣花厚底、猴厚底、虎头厚底、云头厚底四种，基本形制同青厚底靴。厚底靴用夸张、变形的表现手法，拔高演员身材，使角色显得高大魁梧。另外还有用于丑行所饰的下级文官、花花公子、太监的朝方靴；

适用于武打和舞蹈表演动作的薄底靴等。

履类指不带靴筒的鞋，包括含有祈福意义的福字履；专用于神话人物，且寓意足踏祥云的登云履；专用于武打人物的打鞋；旦行普遍使用的彩鞋；一般平民和差役使用的皂鞋；专用于老僧、方丈的僧鞋；以及农夫、樵夫、脚夫等下层劳动人民所穿的草鞋等。

2. 传统戏曲服装的色彩

传统戏曲服装具有绚丽而独特的色彩之美。戏衣色彩鲜明悦目，强调对比统一，注重色彩装饰美的内涵，具有很强的标示性。

传统戏曲服装在色彩搭配上具有强烈的对比性，如黄忠的杏黄靠，服色为杏黄，缘饰为蓝色，这是色相上的互补色对比；包拯的黑蟒，服色主色为黑，图案为金，以白水袖、白护领、白靴底与黑构成明度上的强烈对比；小姐的绿花帔，服色为大面积的绿色，小面积绣粉红色栀子花，形成色彩面积的恰当对比。戏衣色彩对比强烈，但并不媚俗，少不了中性色的巧妙调和，黑白灰和金银色介入对比强烈、不协调的色彩之中，起到积极的隔离作用。白色的隔离物，如白水袖、白护领、戏鞋底、白腰包、白缘饰等；黑色的隔离物，如富贵衣的黑色对所缝缀的散点杂色起到统一作用；大量戏衣采用彩绣圈金或银的绣法，起到图案和服色之间的调和作用。

传统戏曲服装色彩起到标示角色身份、外化性格和情绪、暗示所处情境等作用。例如，至尊至贵的明黄色蟒袍是权力的象征；老绿色的蟒袍和靠是品格忠义、气质神勇的象征，而果绿色的花褶是品格卑劣、奸诈贪色的象征；大红色用在对帔上是喜庆吉祥的意思，用在罪衣上含有凶险之意；黑色用在素褶上是贫寒的意思，用在侉衣上含有夜行的意义。总之，色彩具有特定的象征意义，但同一种色彩，用在不同的款式上，也会产生不同的象征意义。

3. 传统戏曲服装的纹样

除了少数素色的戏衣外，绝大多数的戏衣都有纹样，包括盔头和戏鞋同样如此，传统戏曲服装艺术继承并发扬了中国古代服饰艺术装饰纹样的优秀传统，将纹样、款式、色彩有机的结合起来，美化戏曲人物，体现鲜明的标示性。

　　传统戏曲服装纹样荟萃了我国民族传统纹样的精华，其中有古代美术纹样、历史服饰纹样、民间吉祥纹样、象形纹样等。例如博古纹，属于古代美术纹样，来源于商周时期的青铜器、秦汉时期的瓦当等，系多组合为圆形的适合纹样，具有古朴和儒雅的特点，常作为官员或是乡绅家居场合所穿的团花帔的主要纹样；龙、凤纹，属于历史服饰纹样，来源于明清两代皇帝和皇后服装上的纹绣，作为戏曲纹样，以艺术化的龙纹和凤纹作为身份高贵和权力的象征；四君子纹，属于民间吉祥纹样，借花木的品质象征人品高洁，常用于小生花褶和闺门旦花帔、花褶，以及花旦的袄裤、袄裙；猴毛和猴旋纹，属于象形纹样，专用于猴衣。

　　传统戏曲服装重视纹样布局，灵活运用布局手段，对角色的尊卑、性格、行当进行区分。例如，蟒袍是典型的满花布局，以龙为主纹样，以蟒水、八宝和云纹为辅助，满铺纹样，是权力和高贵身份的象征；帔是典型的点花布局，有团龙、团凤、团花等，呈对称布局，纹样较密，有一定的权力象征，也是角色性格大方庄重的象征；文小生花褶是典型的角花布局，纹样单纯自然，是平民的标志，具体纹样对角色性格、品格、气质也有一定的象征；边花布局主要作为缘饰，起装饰美化的作用；散花布局是自然生动的自由布局，如花脸的服装多以自由的大流云来象征角色粗犷豪爽、豪迈威武的性格。

　　4. 传统戏曲服装的刺绣

　　戏曲服装上的图案最早是手绘的，后来引入了刺绣工艺，使得戏衣提高了一个档次。明朝的刺绣工艺空前繁荣，既有规模庞大的宫廷绣坊，也有遍及城乡的民间秀坊；到了清朝，刺绣工艺发展到了全盛时期，刺绣制成的生活服装被广泛使用。此时，在戏曲服装上运用刺绣技术是必然的，既有在织纹料上加绣，又有直接在素料上加绣，刺绣成了戏曲服装纹样体现的主要工艺手段，同时也是戏曲服装区别于其他戏剧服装的重要标志。

　　刺绣既是以针代笔、以线为料，又不留针迹，做到绣面平服，在中、远距离观看，都要犹如一幅帛本、绢本、纸本的绘画，其特点如

下：平，即绣面平服，熨烫如画；齐，即针脚齐整，轮廓清晰；细，即用针纤巧，绣线精细；密，即排列紧凑，不露针迹；匀，即皮头均匀，疏密一致；顺，即丝缕合理，圆转自如；和，即色彩柔和，整体协调；光，即光彩炫目，色彩鲜艳。

刺绣的工艺美还体现在以绣线色阶变化所产生的视觉立体感上。一般将丝线分成三组，刺绣时，既有由深而浅，又有由浅而深，其色阶鲜明，看得出浅淡变化，且变化柔和巧妙，造成视觉上的立体效果，类似于工笔重彩画的写实风格。

在戏曲服装中，不同的刺绣被加以规范，形成体现角色性格、身份和行当的程式，大致分为彩绣、金绣和混绣三种。彩绣所用的线都是用白色丝线或绒线染成的彩线，所以称之为彩绣，因其色彩典雅而娴静，多用于容貌秀美、性格贤淑、气质优雅的闺门旦和文小生；金绣是在彩绣中加进金线或者银线，因光彩夺目，具有扩张感，多用于性格粗犷豪爽、气质威武彪悍的净行和武将；混绣是以彩绣为主，纹样外轮廓用金线勾边，称为圈金，是身份地位高贵的象征。

5. 传统戏曲服装的面料

戏曲服装的传统面料为丝绸，丝绸制品具有纤细、光滑、柔软、透明、光亮等性质，以及富丽华贵的特点。

传统戏衣采用的丝绸面料主要有缎类、绸类、纺类、锦类、绒类、纱类，其中缎料光泽明亮，使用最为普遍，能充分体现丝绸品的富贵华丽，能染出极其鲜艳的色彩，且其质地挺括，能负载繁密的刺绣纹样而不变形。缎类按照质地分为大缎和绉缎。大缎光泽明亮、手感柔软，由于经纬组织较密，也比较挺括，且适应刺绣，是蟒袍和靠的常用面料。绉缎的正面有隐约的皱纹，质地紧密坚韧，具有吸光性、悬垂性，自然流畅，是帔和褶的常用面料。绸类比缎类柔软，如春绸光泽丰润，外观为满地小提花，素色的春绸是百褶裙、腰包、彩裤的常用面料。纺类为平纹织物，密度比绸类稀疏，质地较薄，是水袖的常用面料。锦类是缎纹的提花织物，质地绚丽多彩，如果织入光亮的金属丝则更加厚实坚韧，常作为戏衣的辅料和缘饰。绒类中常用的是黑色平绒，用作小饭单或部分戏衣的托领缘饰。纱类是丝绸中质地最轻薄且半透明的品种，在越剧或者新兴剧种中常用到。

总的来说戏曲服装面料有着刚柔相济的特征。刚，以蟒袍、靠的用料大缎为代表，舞动时，铿锵有力，节奏感强，有助于撩袍、抖袖等大幅度的表演动作，展现出阳刚之美；柔，以帔、褶的用料绉缎为代表，舞动时，自然流畅、轻盈飘逸、富于弹性，展现出阴柔之美。

（四）戏曲服装设计

戏曲服装的设计带有和一般戏剧服饰设计的共有性，创作准备阶段包括剧本分析、人物分析、搜集和研究设计素材，其独特性在于对人物服装的程式化设计。

1. 分析剧本

首先应认清剧本的剧种、体裁、题材、风格等内容，并考究剧情发生的历史背景，准确把握时代特征；其次是提炼剧本的故事情节，纵向性地分析情节，进一步认识角色性格变化；最后是抓住剧本中的主要事件，它是该剧的核心，也是人物形象设计的依据。

2. 分析人物

戏曲人物分析更加广泛，不局限于角色的性别、年龄、外貌、身份、性格等，还包括注重传统类型人物的沿袭性和正确的穿戴程式。首先，戏曲角色的创造是写意性的，并不完全符合具体的朝代、地域等自然生活状态，所以具体的角色外部形象不讲究符合具体历史细节，分析时必须十分注重角色的品格与气质；其次，确定人物的行当，进行人物类型的归纳；最后，根据人物的类型来推断穿戴程式，从款式上开始，然后是色彩等方面的程式。

3. 搜集和研究设计素材

设计素材一般分为文字资料和形象资料，对于戏曲服装设计，形象资料的搜集和研究是最为主要的。传统戏曲服装的主要资料，包括中国传统艺术、中国历代服饰、其他戏剧服装等，在此基础上寻求灵感，并注重素材的象征意义。

（五）戏曲服装设计实例

《槐花几时开》

演出单位： 四川省宜宾市酒都艺术研究院

剧情简介： 本剧以川南某县飞来镇石头村为背景，以村民周兴元为主线，讲述了他"飞票"当选村主任，带领全村人民改变贫穷落后面貌的一系列故事。

设计构思： 服装设计以生活造型为依据，在色彩搭配和图案选择上借用戏曲元素，在忠实地再现故事中所表现的世态民俗和生活形象的基础上，增添装饰性，使造型更符合审美需求。其中一套"变脸"服装除具有审美价值，更与变脸的艺术特征相吻合。变脸是川剧艺术中塑造人物的一种特技，是用于揭示角色内心变化的一种浪漫主义手法。这款服装设计配合变脸，在变脸的过程中同时变换服装色彩，更添此特技的艺术性和观赏价值（图4-116、图4-117、图4-118、图4-119、图4-120、图4-121）。

图4-116　周兴元服装效果图　　　　　　　　图4-117　曾美丽服装效果图

周兴元是当地村支书，在城市打拼，载誉而归，励志带领全村老百姓走上致富的道路。服装设计以西装和夹克为基础，体现现代城市人的基本穿着，在此款式的基础上，借用川剧脸谱的局部图案，在服装上做染暗花纹样，因剧中加入了川剧顶灯一场，特别设计了中式马褂和大脚裤，并用鲜艳的贴花装饰，以增加这一场的喜剧特色。

曾美丽是周兴元的老婆，是白领女强人，服装以都市女性的款式为基础，加入了民俗元素，特别体现在印花纹样上，和周兴元一样，借用脸谱的局部曲线纹样做面料的印染，蝶花的团花纹样做点缀，增加戏剧效果，也喻示着两人之间的爱情。色彩用鲜艳的玫红和湖蓝色为主线，以白色和黑色做分割和点缀，使人物性格鲜明，且具有女性的美感。

图4-118 徐晓芸和吴世贵服装效果图　　　　　　　图4-119 李翠芬和白大富服装效果图

徐晓芸是城里来的大学生，具有青春朝气，且充满着正能量，服装以职业套装为主，在袖口、裙摆、领口等局部做装饰，服装色彩选用绿色和白色的结合，充分体现出人物的朝气蓬勃，图案选择抽象植物纹样和蓝印花纹样搭配，同样为表现人物的青春和朝气。

吴世贵的造型是典型的老支书样式，中山装、短大衣等，色彩的选择上也采用具有代表性的阴单蓝和军绿与灰色、黑色搭配。

剧中最具有喜剧色彩的一对夫妻，为了让他们的戏剧性更强，采用了对比色的搭配，特别体现在李翠芬的服装上，粉绿色和正红色搭配，局部装饰夸张的团花图案。白大富的服装着重区别了致富前和致富后的色彩，致富前用灰色调，致富后采用十分夸张的粉蓝、粉红和白色，搭配明亮，体现出人物喜悦的心情。

图4-120 变脸者服装效果图

剧中为了体现周兴元内心的矛盾冲突，特别运用了川剧的变脸来表现这种心情的变化，在导演的要求下，不但是变脸，服装的色彩也跟随脸部色彩进行变化，充分表现了戏剧内容，同时增加了本剧的可看性。

图4-121　《槐花几时开》演出剧照

《挂印知县》

演出单位： 巴中市恩阳区文广新局

剧情简介： 本剧是根据清代光绪年间四川巴州（今四川省巴中恩阳区）一个真实的历史人物喻秉渊的真实事件，经过艺术加工创作而成的。喻秉渊十六岁中秀才，后为举人，曾在云南沾益州、保山等地为县令，因其为官清廉，办案公正，被百姓誉为喻青天，当他挂印归乡后仍严于律己，并帮助当地修建学堂，引导民众发展农桑，清贫中依然廉洁自守，成为当地一代楷模。

设计构思： 服装造型注重人物形象塑造中的地域性和民间性，并在性格化的基础上，立足于清朝这个时代的服装真实性，同时进行夸张和强调。在服装设计上既具有生活的典型性，又具

图4-122　喻秉渊序幕和尾声服装效果图

喻秉渊的服装造型为米白色亚麻长衫，浅灰色半臂长衫，显示干净整洁的学者形象。

图4-123　喻秉渊罢耕、守节场次服装效果图

喻秉渊的服装造型为斜襟深蓝色粗麻布长衫，浅蓝色半臂棉布外衫，领口细镶边，在朴素中显精致，符合挂印归乡的身份。

图4-124　喻秉渊劝廉场次服装效果图

剧中有一处闪回场景，喻秉渊的服装造型为官服，采用七品官员补子。

图4-125 雷梦初罢耕、议礼
场次服装效果图

图4-126 雷梦初守节、劝廉
场次服装效果图

图4-127 蓝师爷罢耕、议礼
场次服装效果图

图4-128 蓝师爷守节、劝廉
场次服装效果图

雷梦初，40余岁，巴
州知县，怠政图私，纵容属
下，立名目，加赋税，后经
喻秉渊数次劝诫，幡然醒
悟。雷梦初服装造型为官服
全套，仙鹤印花绸缎官服，
七品官员补子。

雷梦初服装造型为砖红
色暗花长衫，织锦缎面料，
显示富贵。

蓝师爷，为巴州县衙师
爷，为人奸猾。蓝师爷服装
造型为深灰色印花锦缎短
襦，紫色长衫，显示地位。

蓝师爷服装造型为深灰
色锦缎面料，银灰色印花，
复古圆框眼镜，表现奸诈。

图4-129 郭秀云守节场次
服装效果图

图4-130 郭秀云同乐场次
服装效果图

图4-131 喻恩服装效果图

图4-132 喻阳服装效果图

郭秀云，喻秉渊妻，颇
为聪慧，但内敛持重。郭秀
云服装造型为墨绿色和深蓝
色棉布常服，领口袖口镶
边，表现朴素中的精致。

郭秀云服装造型为砖红
色锦缎拼布长背心，配长
裙，表现同乐的愉快心情。

喻恩，18岁，喻秉渊之
子，孔武有力，为人正直刚
毅。喻恩服装造型为绿色对
襟短衫，收紧的袖口和裤
腿，展示英勇气势。

喻阳，16岁，喻秉渊之
女，天真可爱。喻阳服装造
型为淡黄和粉绿织锦缎短襦
和亚麻长裙，表现少女的青
春和希望。

图4-133　《挂印知县》演出剧照

有戏曲的写意性，服装造型以简洁朴实为主，讲究大色块、大效果，注重整体感觉（图4-122、图4-123、图4-124、图4-125、图4-126、图4-127、图4-128、图4-129、图4-130、图4-131、图4-132、图4-133）。

《燕归》

演出单位：遂宁川剧团　四川省川剧团

剧情简介：讲述了恭石村的蒋燕鸿从农民到部队军官，再到成功商人，当他带着资金、带着新型农业发展理念，回到生他养他的故土，让村民看见了希望，也充满了疑惑，甚至连妻子沈兰也不能理解。而在蒋燕鸿心理一直都有一个强烈的愿望，那就

图4-134　蒋燕鸿服装效果图（一）　　图4-135　蒋燕鸿服装效果图（二）　　图4-136　段红梅服装效果图

新支书蒋燕鸿的服装设计以干净、笔挺的样式为主，体现军人作风和城市气息，整体色彩单纯干净。

新支书蒋燕鸿的服装设计以干净、笔挺的样式为主，体现军人作风和城市气息，整体色彩单纯干净。

村民段红梅的服装设计以衬衣样式为原型，表现朴实和端正的人物形象。色彩以玫红和藏青色为主，搭配白色和翠绿，图案用各式梅花，符合人名特点，也是坚韧性格的外显。

图4-137 弯酸婆服装效果图

　　村民弯酸婆选用鲜艳的色彩、对比色、以及多色花布，塑造喜欢刁难和挖苦人的中年妇女形象，使人物一出场就有喧闹的感觉。

图4-138 花二嫂服装效果图

　　村民花二嫂以衬衣和中式立领服装样式为基础，以藕荷色、普兰和土红色配色来表现朴实的人物形象。选用独立的绿叶图案和散点的绿色纹样花布，表现出一直支持着蒋燕鸿和段红梅理想的绿叶形象。

图4-139 蒋小兰服装效果图

　　新支书的女儿蒋小兰是在都市生活的初中生，采用粉红和黄色搭配，配以反映天真活泼、绚丽的几何纹样，使其更具有装饰性。

图4-140 老支书服装效果图

　　用中老年夹克衫和立领中山装来塑造传统老支书的形象。

图4-141 沈兰服装效果图

　　新支书的老婆沈兰的服装设计是都市风格，采用翠绿、灰色和白色的搭配，选用兰草和兰花的图案，显得高雅有内涵。

图4-142 王莽娃服装效果图

　　村民王莽娃的服装款式是衬衣和夹克、休闲西装的搭配，随着剧情的推移，服装款式逐步向城市青年的样式靠近。

图4-143 干扯火服装效果图

　　村民干扯火的服装造型以T恤和夹克为主要款式，选用夸张色彩和几何纹样，塑造办事不踏实的形象。

图4-144 水柱服装效果图

　　村民水柱的服装款式采用格子衬衣和牛仔裤，表现憨厚老实的形象，随着剧情的发展服装款式逐步向城市青年的样式靠近。

是要改变家乡贫穷的现状，与乡亲们一起让山村开满鲜花，让农村人过上城里人羡慕的生活。

设计构思：故事发生在当下，反映的是新支书带领村民致富的生活细节。因此服装设计以生活服装为基础，对支书、村民们的服装进行了较为生活化和性格化的设计，并结合川剧的特点，在款式、色彩配配饰、面料选择上也做了一定的夸张，特别是女装的设计，使服装样式更加具有戏剧性（图4-134、图4-135、图4-136、图4-137、图4-138、图4-139、图4-140、图4-141、图4-142、图4-143、图4-144、图4-145、图4-146、图4-147、图4-148）。

《燕归》剧照拍摄来源于木子舅舅（图4-149）。

图4-145　春英服装效果图　　图4-146　川中大乐服装效果图　　图4-147　金莲舞未开放　　图4-148　金莲舞开放
　　　　　　　　　　　　　　　　　　　　　　　　　　　　状态效果图　　　　状态效果图

村民春英的服装设计用粉红和粉绿的对比色，图案选择迎春花和蝴蝶来代表年轻人的朝气，从衬衣到印花T恤，服装款式逐步向城市青年的样式靠近。

致富后的喜悦用传统的川中大乐的服装样式表现，色彩对比强烈，能烘托热闹的气氛。

金莲舞是以当地特色植物地涌金莲为主题的舞蹈，也是新支书引入该村的新品种，在造型设计上参考地涌金莲的样式，夸张其花瓣和枝干的造型。

随着剧情时间的推移，金莲逐渐开放。采用变装的设计构思，在肩部和腰部做机关，使演员在舞蹈中瞬间变换服装颜色，且色彩也从绿色变为金色，烘托剧情的高潮。

图4-149　《燕归》演出剧照

《红盐》

演出单位：南充市川剧团　川北灯戏剧团

剧情简介：本剧讲述了以1932年10月红军入川后，在南充境内发生的一段以一对红色恋人为主线，引出惊心动魄的夺盐故事，红军、群众、开明商人为此付出了鲜血和生命，最终使侵染着鲜血的一袋袋食盐到了红军队伍中。故事充满传奇性又具有浓郁的地方特色。

设计构思：本剧服装和化妆设计首先是遵循史实，再借用戏曲服装的程式化特征，并结合本剧讽刺幽默的风格特征进行设计。主角刘玉峰、韩继兰、邱韵霜的造型设计根据历史背景和故事情节进行设计，并在此基础上对角色进行美化。这个时代的服装中西结合，男子主要以中式长衫、西服套装和风衣等样式为主，男主角刘玉峰是地下党员的身份，所以在服装样式和色彩的选择上，首先是红军造型，然后用驼色的西装和卡其色的风衣表现其打扮成商人的造型，再用银灰色的中式长衫搭配马甲和外套，组成六套服装搭配，并配合当时流行的三七分发型，塑造刘玉峰的不同形象（图4-150、图4-151、图4-152、图4-153）。

图4-150　刘玉峰红军造型效果图　　图4-151　刘玉峰风衣造型效果图　　图4-152　刘玉峰西装造型效果图　　图4-153　刘玉峰长衫造型效果图

图4-154 韩继兰旗袍 　　图4-155 韩继兰袄裙 　　图4-156 韩继兰洋装 　　图4-157 韩继兰新娘
　　　造型效果图 　　　　　　造型效果图 　　　　　　造型效果图 　　　　　　造型效果图

　　这个时代的女性服装也以中西结合为主，不过样式更加
丰富。女主角韩继兰一共四套服装造型，分别是水蓝色袄
裙、粉色格子旗袍、粉色洋装以及中式新娘套装，搭配当时
流行的内扣式短发齐刘海、"油条卷"、辫子等造型，体现
出韩继兰的美丽和勇敢。女主角最终为革命事业牺牲了，在
牺牲的这场戏中，一身正红色新娘装装扮，更加烘托出了革
命悲壮的气氛（图4-154、图4-155、图4-156、图4-157）。

　　女主角邱韵霜的身份变化比较复杂，首先以江南水乡的
蓝印花布为主，设计一套逃难老百姓的服装，面料采用做旧
和打补丁的方法，表现人物身份，并和之后人物角色的转变
形成对比。第二套服装是斜襟袄裙，以粉红、粉黄、粉蓝的
小碎花面料进行搭配，进一步描述邱韵霜的美，也与之后凶
狠毒辣的性格形成对比。为了给观众造成视觉上的冲突，这
套服装的设计是需要直接在舞台上迅速换装的，因此，在服
装的连接处都要做相应的处理，便于演员的穿脱，给观众
更大的视觉冲击。第三套是军统特工造型，服装设计在尊重
历史的基础上，进一步刻画角色身份的转变。根据1932年
10月之后的军统服装样式，用草黄色呢制，上衣为对襟翻领

图4-158　邱韵霜老百姓
　　　　造型效果图

图4-159　邱韵霜袄裙
　　　　造型效果图

图4-160　邱韵霜军统特工
　　　　造型效果图（一）

图4-161　邱韵霜军统特工
　　　　造型效果图（二）

式，内搭白色军装衬衣和马甲，裤子为臀部左右两面放大的
马裤，头戴船形帽，领章、肩章等也按照等级制作图案和
款式。最后一场在码头的戏中，增加斗篷，仍然用草黄色呢
制、钟形、长至膝盖的服装造型（图4-158、图4-159、图
4-160、图4-161）。

其他角色遵循剧本描述和历史依据，结合川剧的特点和
剧中人物性格特点进行了夸张的服装造型设计。如贺元彪的
"黑乌鸦"稽查大队长形象基本遵循历史，而男扮女装的造

图4-162　稽查大队长贺元彪服装效果图

图4-163　盐商韩长清服装效果图

图4-164　县长骆永和服装效果图

型借用戏曲中彩旦元素，增加其喜剧性。又如，韩长清的造型采用印花缎面长衫，目的是为了增加其有钱盐商和文学修养的气质，采用挂玉佩和戴黑框眼镜进行细节处理。再如县长骆永和的服装参考历史上的灰色县长服，在头发和胡须设计上做中分发型和八字胡，以刻画县长油头滑脑的性格。

图4-165 《红盐》韩继兰和县长骆永和试装　图4-166 《红盐》韩继兰和刘玉峰试装

群众场面在本剧中很多，比如"红军场面""盐商场面""老百姓场面"等，都按照其职业和历史上的记录做了设计，主要在色彩搭配上进行设计。如红军以灰色调为主，面料做旧和打补丁；盐商以各种暗色调进行搭配，既反映了角色身份但又不跳跃；老百姓有各行各业的，根据导演调度以灰色系为主，使之成为流动的背景（图4-162、图4-163、图4-164、图4-165、图4-166）。

《李扯火脱贫》

演出单位：巴中恩阳区文广新局

设计构思：故事发生在当下，反映的是精准扶贫政策下农民的生活细节。服装设计以生活服装为基础，对剧中角色科长、支书、村民们进行了较为生活化和性格化的设计，并结合川剧的特点，在款式、色彩搭配、面料选择上也做了一定的夸张，使服装样式更加具有戏剧性。剧中男女主角有一场需要快速换装，即新旧服装的交替更换，为此在款式设计上采用开衫、大袖口的样式，也对新旧服装的设计在视觉上有较大的反差（图4-167、图4-168、图4-169、图4-170、图4-171、图4-172）。

图4-167　李扎火新装效果图

图4-168　李扎火旧装效果图

图4-169　翠花新装效果图

李扎火的新装选用中式对襟,七分裤的搭配,在腰间系围裙,服装色彩亮丽,选用紫色、金黄色、蓝色等对比色和白色搭配,并在镶边处配有地方特色的镶边,使服装的装饰性更强。

李扎火的旧装与新装在视觉效果上需要反差很大,因为采用的是服装的正反面,所以款式上不能改变,但在色彩和图案的设计上借用戏曲服装的富贵衣处理方式,在深灰色的底色上,排列各种颜色的补丁,既剧有装饰性,也可以象征贫穷。

翠花的新装选用中式立领对襟、肚兜与七分裤的搭配,服装色彩亮丽,选用玫红色、翠绿色等对比色和白色搭配,用暗花纹样和刺绣贴花,使服装的装饰性更强。

图4-170　翠花旧装效果图

图4-171　科长服装效果图

图4-172　村民和支书服装效果图

翠花的旧装与新装在视觉效果上需要反差很大,因为采用的是服装的正反面,所以款式上不能改变,但在色彩和图案的设计上借用了戏曲服装的富贵衣处理方式,在深灰色的底色上,排列各种颜色的补丁,既具有装饰性,也可以象征贫穷。

科长的服装设计以夹克和大脚裤为基础,款式较为写实,在色彩的选择上用了中黄和湖蓝对比,比较鲜亮。

村民和支书在剧中有情节和对话的时候是群众角色,在没有情节和对话的时候坐在篱笆旁作为背景,因此,在服装设计上采用中式对襟款式和大脚裤,色彩的选择以篱笆的颜色为基础,采用土黄和墨绿,面料比较特殊,背心用肌理比较粗糙的麻,裤子用扎染出的棉,表现篱笆的样式。

第五章

舞台服装
设计师的职责

第一节　知识结构的完善

（一）历史知识与舞台服装设计

　　服装在其漫长的形成岁月中，经历了各个时期的发展和变化，服装的造型表现随着人们各时期的审美情趣等因素的变化而存在着差异。服装作为人们意识形态的物化体现，必定反映了时代的文化特征，承袭着传统审美习俗。掌握中外服装史的发展背景、过程以及各时期中外服装的形态和发展变化的规律，从历史中汲取知识，获得灵感，为舞台服装设计打下扎实的理论基础。

（二）艺术素养与舞台服装设计

　　与建筑、音乐、绘画、雕塑一样，服装也是一种产生于特定文化条件下的艺术形式，它反映了创造它的社会的需要和灵感。近150多年的服饰中反映出新古典主义、浪漫主义、抽象主义等不同的艺术思潮。绘画大师马蒂斯、毕加索、蒙德里安、达利等的思想和手法，都曾被许多服装设计师淋漓尽致地表现在服装设计中。另外，对于舞台服装设计师而言，绘画基础极为重要，能否将服装设计这门技术掌握得得心应手，具有纯熟的绘画技术对设计的呈现具有举足轻重的作用。在绘制服装效果图的过程中，应掌握色调、形态、构图和各种表现的技巧，同时还应观摩大量的经典绘画作品，通过感受、分析，使自己的心智和审美能力都得到极大提高。

第二节　注重审美与积累

（一）观赏艺术

接受艺术的讯息，催生设计的知觉，从而形成心灵中的精神境界，是每个舞台服装设计师创作的前序过程。每个人的精神境界各有千秋，创作出的作品在意境上也迥然不同，所以，舞台服装设计师要加强平日里对艺术和文化的修养积淀，使自己的艺术品味和艺术境界达到一个较高的水平，才能保证服装造型和人物角色交融，使服装焕发出生命的意义，传递着角色与观众之间的情感交流。

（二）观察生活

对舞台服装的设计不能是凭空的，也不能是隔断生活的，设计必须依托于丰富的人生经历，来源于对舞台艺术的深厚感情，并根植于对生活的浓厚兴趣之中。今天我们为某个戏剧进行创作很少去实地采风，似乎网络能解决所有的问题，但是采风不仅是重要的创作环节，还是一种陶冶情操的过程。在采风的过程中，我们可以观察生活，观察新奇的环境和人物特点，这种身临其境会产生不同于网络的感受，对于舞台角色的塑造更具有现实意义。

（三）研究审美规律

服装设计极具流行性和时间性，舞台服装设计同样也会受到社会、科技、新的艺术思潮的影响，从而具有个性与时代的特质。因此，意境独特且被观众认可的舞台服装设计不是设计师闭门造车的奇思异想，而是应该不断去追逐时代的潮流，研究时代审美的规律，或是提升昔日辉煌的形象，或是突出现代艺术及科技发展的新兴造型，只有符合审美规律的舞台服装设计，才能代表新时代的情感，得到观众的认可。

第三节　勇于实践与创新

（一）培养活跃的形象思维能力

舞台服装设计师通过对美的事物极具敏感的反映，把对现实世界丰富多彩的印象植入心灵，从而在平常人司空见惯的事物中发现美、感受美，并通过舞台艺术语言进行表达和抒发，创造符合剧本要求和大众审美的舞台角色造型。

（二）培养对色彩的感知能力

色彩是角色给观众的第一印象，具有极强的视觉吸引力，因此色彩在舞台服装设计中的地位至关重要。舞台服装色彩设计是一个很复杂的问题，客观地讲，任何一种色彩都无绝对的美丑善恶，只有当它和另外的色彩，以及服装款式、面料搭配的时候，才能产生情绪。在舞台服装设计中，色彩的搭配组合形式直接关系到舞台服装整体风格的塑造，只有具备敏锐的色彩感知力，才能设计出具有艺术魅力和明确思想的舞台服装。

（三）培养对材料的理解能力

舞台服装的材料是服装的载体和服装设计的灵感源泉。一方面，材料是舞台服装设计的表现工具，设计师必须依靠各种材料来实现自己的构想，良好的造型和结构的设想，需要通过相应的面料材质才能得到完美的体现；另一方面，当代戏剧发展呈现出多远化的趋势，对舞台服装材料也提出了新的要求，推动着面料的创新。舞台服装设计师除了能准确把握面料的性能，使面料性能在表演中充分发挥作用外，还应该根据面料的流行趋势，独创性地使用新型面料或开拓面料，将面料进行创意性的组合，使舞台服装更加具有新意。一个优秀舞台服装设计师应该努力去熟悉材料、亲近材料，敏锐地感受材料的感性光辉，在对材料的感受中阐明设计的创意，使原本稍嫌乏味的材料成为可促使创意怦然而动的启示，走出一条技术与艺术综合的新路。

（四）培养脑与手的协调能力

舞台服装款式、色彩、面料的设计固然重要，但是制作工艺要素对服装最终的体现产生着巨大的影响。舞台服装设计师不仅要在设计上符合审美、角色、个性等要求，同时还要考虑工艺缝制上的可操作性。随着舞台服装的精细程度一步步加深，刺绣、镶边、印染、扎染、做旧、打磨、压褶等各种装饰手法在舞台服装中的运用，不仅给舞台服装锦上添花，使舞台服装设计的手法和内容都得到了极大的丰富，同时也对合身的版型、精致的做工、独特的装饰效果、帮助演员行动的要求越来越高，做到脑与手的协调，好的创意才能得到完整的表达和体现。

（五）培养敬业精神

舞台服装设计师需要对服装造型、色彩、材料、分割的大小比例、高低位置，以及制作处理中的曲直、软硬、人体机能性的效果进行周密的思索，并在制作过程中不断修正、改进、完善，使设计的原创构想进一步得到完善。将敬业的意识牢记心中，并实践于行动，这样在每一次的剧作中不仅能获得更多宝贵的经验和成就，还能从中体会到快乐。